MONOGRAPHIEN AUS DEM GESAMTGEBIETE DER NEUROLOGIE UND PSYCHIATRIE

HERAUSGEGEBEN VON

O. FOERSTER-BRESLAU UND **K. WILMANNS**-HEIDELBERG

HEFT 52

DAS „VEGETATIVE SYSTEM" DER EPILEPTIKER

VON

DR. FELIX FRISCH

LEITER DER THERAPEUTISCHEN VERSUCHSSTATION
FÜR EPILEPSIEKRANKE AM STEINHOF · WIEN

Springer-Verlag Berlin Heidelberg GmbH

1928

COPYRIGHT 1928 BY SPRINGER-VERLAG BERLIN HEIDELBERG
Ursprünglich erschienen bei Julius Springer in Berlin 1982.

ISBN 978-3-662-42766-8   ISBN 978-3-662-43043-9 (eBook)
DOI 10.1007/978-3-662-43043-9

Vorwort.

Die eindrucksvollen Phänomene des epileptischen Anfalles haben seit den ältesten Tagen ärztlicher Beobachtung die Aufmerksamkeit in so hohem Maße an sich gefesselt, daß sie die Gesamtpersönlichkeit des Krankheitsträgers zu beachten vergessen ließen. Der ausschließlich organotrop eingestellten Forschung gegenüber versuche ich in dieser Studie, an meiner seit jeher vertretenen Auffassung festhaltend, die Bedeutung des Gesamtorganismus für die Pathogenese dieses Leidens zu erweisen und die bisher einer Vereinheitlichung widerstrebenden Vorgänge unter Zugrundelegung des Systems von Friedrich von Kraus zu synthetisieren.

Der meines Wissens erstmalige Versuch, ein geschlossenes Krankheitsbild vom Gesichtspunkt der Kraus'schen Lehre darzustellen, darf vielleicht den Anspruch erheben, ein über die Epilepsieforschung hinausreichendes Interesse zu erwecken.

Wien, im November 1927.

Felix Frisch.

Inhaltsverzeichnis.

I. Einleitung.

Wer sich viel mit der allerdings fast unübersehbaren Epilepsieliteratur zu befassen hat, wird alsbald die erstaunliche, auf den ersten Blick unverständliche Wahrnehmung machen, daß in ihr das *vegetative Nervensystem* in stiefmütterlicher Weise vernachlässigt wird.

In den der Epilepsie gewidmeten Monographien, handbuchmäßigen Abhandlungen, Kongreßreferaten usw. usw. begegnet man sehr oft nicht einmal dem Namen dieses Systems. In den vorbildlich aufgebauten, die enorme Literatur sichtenden und kritisch ordnenden Referaten Gruhles ist man erstaunt, von einigen wenigen noch zu besprechenden Studien abgesehen, keine bemerkenswertere umfassende Arbeit dieses Gegenstandes erwähnt und besprochen zu finden.

Berücksichtigt man demgegenüber die jedem Epilepsiekenner geläufige Tatsache, daß sich die klinische Symptomatologie dieses Leidens *vorwiegend* auf Störungen in dem Innervationsgebiete der vegetativen Nerven aufbaut, so steht diese klinische Erfahrung zu ihrem fast völlig mangelnden Niederschlag in der Literatur in einem so merkwürdigen Gegensatz, daß tiefere Gründe dafür anzunehmen berechtigt und es daher auch geboten erscheint, den Ursachen dieser Tatsache nachzugehen. Wer übrigens die Literatur von diesem Gesichtspunkte aus durchblättert, kann die weitere, eine gewisse Pikanterie nicht entbehrende Überraschung erleben, daß ältere Arbeiten, zu einer Zeit entstanden, in der das vegetative Nervensystem noch lange nicht den heutigen Grad des Interesses der medizinischen Forschung erreicht hat, dessen Beziehungen zur Epilepsie in weitaus größerem Maße Rechnung trugen. Ich denke hier zunächst und vor allem an die schönen Beobachtungen Gowers', der in seinen „Grenzgebieten der Epilepsie" klassische Schilderungen von solchen Krankheitsbildern produzierte, die heute auf den ersten Blick als vegetative Störungen erkannt würden. Diese sicherlich jedem Epilepsieforscher bekannte und in ihrer krankheitsbildlichen Darstellung ganz „modern" anmutende Studie war also ebensowenig wie die alltägliche klinische Erfahrung imstande, die Bearbeitung dieses Problems anzuregen. Stellt man aber gerade die Gowerssche Abhandlung ihren zeitgenössischen Arbeiten und jenen der unmittelbar folgenden Forschungsperiode gegenüber, so erhält man schon einen Fingerzeig für einen jener Gründe, welche für die besprochene Außerachtlassung maßgebend sind. Denn diese ganze Epoche ist scharf durch die Tendenz gekennzeichnet, den Krankheitsbegriff „Epilepsie" tunlichst von allen scheinbaren Schlacken ähnlicher Zustände zu reinigen, ihn durch engste Begriffsdefinition, durch sparsamste und präziseste Determinierung anatomischer und klinischer Stigmen aus der Wirrnis verwechselbarer Erscheinungen herauszudifferenzieren, ihn, ich möchte sagen, auf den einfachsten Nenner zu reduzieren.

Diese Tendenz gipfelt in der noch heute vorherrschenden Auffassung, diese Krankheit ausschließlich anatomisch zu erfassen, ihre Ätiologie in einer morphologischen Strukturveränderung des Gehirnes zu suchen. Es ist leicht begreiflich, daß diese einseitige Orientierung an den reichlichen vegetativen Zügen der Epileptiker „vorbeisehen" oder sie als unwesentliches und störendes Beiwerk vernachlässigen ließ. Wie irreführend und hemmend diese Forschungsrichtung gewirkt hat, habe ich schon in meiner 1920 erschienenen Studie „Die pathophysiologischen Grundlagen der Epilepsie" zu zeigen versucht, und auch aus dieser Abhandlung wird sich u. a. ergeben, daß dieser Weg nicht zum, sondern geradezu vom Kern des Epilepsieproblems weggeführt hat, natürlich unbeschadet der vielfachen Erkenntnisse, die ihm besonders auf hirnanatomischem Gebiete zu danken sind.

Dieser in der gekennzeichneten Forschungseinstellung begründeten Vernachlässigung des vegetativen Nervensystems leistete ein anderer gewichtiger Faktor Vorschub. Die außerordentlichen Bemühungen, welche seit der grundlegenden Arbeit von Eppinger und Heß darauf gerichtet waren, eine systematische Neurologie der inneren Organe zu schaffen, scheiterten bekanntlich an dem Widerstande der phänomenologischen Befunde. Vor allem ergab sich stets von neuem, daß der Mannigfaltigkeit vegetativer Zustandsbilder die simple Gegenüberstellung von Vago- und Sympathicotonus nicht gerecht wird. Der Grund für dieses vergebliche Bemühen liegt, wie es sich heute immer deutlicher offenbart, in der — meist uneingestandenen — irrtümlichen Voraussetzung, das vegetative Nervensystem denselben Funktionsgesetzen unterworfen anzunehmen, welche im kortiko-zentralen Nervensystem herrschen. Vor allem ist es das Gesetz von der *Suprematie der zentralen Ganglienzelle*, welches hier in die Irre führen mußte, da ihm im Wirkungsbereiche der vegetativen Nerven keineswegs die Geltung zukommt, die es im zentralen Nervensystem besitzt. Das Prinzip der bedingungslosen Abhängigkeit des Erfolgsorganes vom nervösen Element besteht weder in der Motorik noch in der Trophik der visceralen Organe. Ich verweise nur auf die Tatsache, daß der glatte Muskel nicht degeneriert, wenn die entsprechenden Nervenfasern durchschnitten werden; er bleibt funktionsfähig (Kraus, Pophal, siehe auch Veil)[1]. Meyer und Gottlieb sagen: „Charakteristisch für die Innervation dieser unwillkürlich tätigen Organe ist, daß ihre Funktion auch mehr oder weniger unabhängig vom Zentralnervensystem vor sich gehen kann." Auch hier, wie so oft, verführte eine identische Terminologie zur Annahme einer auch begrifflichen Identität. Aber, welch fundamentaler Unterschied der Wertigkeit und des Funktionscharakters besteht zwischen einem kortiko-pyramidalen und einem vegetativen Zentrum!

Diesem Vorwalten morphologischer Anschauung begegnet man auch in den spärlichen, die vegetativen Nerven der Epileptiker behandelnden Arbeiten. Eine der bedeutendsten unter ihnen, von Orzechowski und Meisels, die hinsichtlich der objektiven Beobachtungen sehr wertvolle und richtige Befunde aufweist, schreibt den *organisch bedingten Innervationsstörungen* einen Einfluß auf die vegetativ-nervösen Apparate zu und macht diesen Einfluß für Funktionsabwegigkeiten dieses Apparates verantwortlich. Es wird dort behauptet, „daß Fälle or-

---

[1] Herr Professor O. Foerster macht mich freundlicherweise darauf aufmerksam, daß dies bis zu einem gewissen Grade auch für den quergestreiften Muskel gilt, wobei der erhaltene Rest wahrscheinlich der im Muskel versteckt liegende glatte Anteil ist.

ganischer Epilepsie, die besonders eine Folge eines in der Kindheit überstandenen pathologischen Prozesses sind, ein deutlich vagotonisches Verhalten zeigen und daß dieses lediglich die Bedeutung eines epileptischen Symptoms, analog den anderen, wie z. B. kleine Anfälle, Schwindel usw. hätten". Allerdings müssen Orzechowski und Meisels einräumen, daß es auch Fälle gäbe, die unter solchen ätiologischen Faktoren entstehen, welche ein sympathicotonisches Verhalten bedingen.

Daß eine solche Auffassung bei dem heutigen Stande unserer Kenntnis nicht mehr aufrecht gehalten werden kann, bedarf wohl keiner Erörterung. In ihr lag jedoch ein weiterer Grund, die Bedeutung der vegetativen Nerven für die Epilepsie zu unterschätzen.

Aber auch auf einem scheinbar fremden Gebiete des Epilepsieproblems gab es der Klärung dringend bedürftige Erscheinungen.

Das sind die in großer Zahl beobachteten Stoffwechselstörungen verschiedener Art, die zunächst keinen Zusammenhang untereinander, vollends keinen mit der Funktion des vegetativen Nervensystems aufzuweisen scheinen, von welchen auch keine generell vorkommt oder als typisch für die Epilepsie zu bezeichnen wäre. Daß sie im Krankheitsbilde eine Rolle spielen müssen, war bald daran zu erkennen, daß es keinen Fall von echter Epilepsie gibt, der nicht eine Gruppe solcher Störungen offenbarte. Die bisherige Unmöglichkeit, diese scheinbar disparaten Störungen zusammenfassend in ein System zu bringen, war auch die Veranlassung für die vielfach kontroversen Anschauungen der Autoren hinsichtlich der biologischen Bedeutung, die man ihnen im Krankheitsgeschehen zuschrieb.

Es ist klar, daß alle diese Erfahrungen nach einer neuen, vom Grund aus andersartigen Einstellung — auch dem vegetativen Nervensystem gegenüber — drängten.

Eine solche Neuorientierung verdanken wir Friedrich von Kraus' genialer Konzeption, die, die experimentellen und klinischen Erfahrungen zusammenfassend, das vegetative Nervensystem als ein *koordiniertes* Teilstück in ein umfassendes, eine Vielheit von lebenswichtigen Faktoren darstellendes *„vegetatives System"* einordnet. Das wesentlich Neuartige dieser Betrachtung ist darin gelegen, daß der Schwerpunkt der Funktion in diesem System durchaus in die *Peripherie*, an den Ort der Stoffbewegung zwischen Zelle und Umgebung, an die *Membranen* (Grenzflächen der Plasmastruktur) verlegt ist. Glieder dieses Systems sind alle jene Faktoren, die diesem Stoffaustausche — hemmend und fördernd — dienen, wie das „Wasser, Kolloidelektrolyt, Salzelektrolyt, eine Kombination antagonistisch wirkender Kationen, Puffer, Hormone, bestimmte endo- und exogene Reizstoffe und Gifte, sowie ein Triebwerk von Katalysatoren" (Kraus). Die jeweilige und örtliche Gleichgewichtslage bestimmt nicht nur Maß, Richtung und Geschwindigkeit der spezifischen Zellfunktion, sondern auch Maß und Richtung des *vegetativ-nervösen Reizes*. Den vegetativen Nerven kommt in diesem Systeme die Rolle von *Regulatoren* zu, welche in dem ungeheueren Kosmos des Gesamtorganismus die *Verteilung der Elektrolytreserve* an den Bedarfsort zu besorgen haben.

Im logischen Ausbau dieser geistvollen Synthese ist es gelegen, daß Kraus zur Begriffsbildung einer phylogenetisch unendlich älteren *„Tiefenperson"* gelangt, die er als „eine schlechthin vitale, das tiefste Wesen des Menschen bildende, spontan dranghaft schöpferische, primär angelegte, nicht erst reaktiv entstandene Instanz" charakterisiert und ihr die zentralistisch organisierte, zielstrebend bewußte, stammesgeschichtlich jüngere „*corticale*" Person gegenüberstellt.

Der große Fortschritt, der in der Bildung dieses Begriffes des „vegetativen Systems" gegeben ist, liegt nicht zuletzt darin, daß er, den scheinbar widerspruchvollsten experimentellen und klinischen Erfahrungen Rechnung tragend, die Unzweckmäßigkeit einer isolierten Beobachtung des vegetativen Nerven erhellt, deren Funktion von jener aller übrigen Faktoren des Systems gar nicht gesondert werden kann, andererseits ihre große Bedeutung für alle Lebensprozesse kennzeichnet, die ihre Benennung als „Lebensnerven" durch L. R. Müller durchaus rechtfertigt.

Es ist überaus reizvoll, diese Lehre vom „vegetativen System" zur Untersuchungsbasis einer Krankheit wie der Epilepsie zu machen, die gerade eine so augenfällige Beteiligung aller jenen, das „vegetative System" konstituierenden Glieder am Krankheitsgeschehen aufweist. Dem Autor dieser Abhandlung fällt dies um so leichter, als er schon in seiner oben erwähnten Studie einen ähnlichen Standpunkt eingenommen und auf die Bedeutung der intra- und pericellulären Vorgänge, des Elektrolytverhältnisses und der Hormone als *Steuerungsfaktoren* der corticalen Reizempfindlichkeit hingewiesen und sie in Gegensatz zu den mittel- und unmittelbar am Cortex angreifenden *Reizfaktoren* gebracht hat.

Es läßt sich begreiflicherweise nicht umgehen, in der folgenden Darstellung jeden einzelnen dieser Faktoren in seinem Verhalten beim Epileptiker, seine Beziehung zu den klinischen Manifestationen und seine Wertigkeit für dieselben gesondert zu betrachten, wenn sich auch immer wieder die geschlossene Einheit des Systems, die unlösbare, gegenseitige Durchdringung und Abhängigkeit ergeben wird. Auch liegt es in der Natur der Sache, daß die Ausführungen angesichts der Jugend dieser Forschungsrichtung, ihrer sich täglich erneuernden und modifizierenden Methodik, vor allem aber des unserer Erkenntnis noch vielfach unzugänglichen Forschungssubstrates zum Teile programmatischen Charakter tragen werden. Doch glauben wir, die Probleme soweit gereift erkennen zu können, daß der Mangel ihrer völligen Klärung kein Hemmnis, sondern gerade das Bedürfnis einer solchen Erörterung darstellt.

II. Die Klinik der vegetativen Symptome.

Geht man bei der Analyse der Erscheinungen von der Beobachtung der spezifisch *nervösen* Funktionen aus, so ergibt sich alsbald die Notwendigkeit einer strengen Sonderung der *paroxysmalen* und der *inter-* bzw. *präparoxysmalen* Manifestationen. Die Außerachtlassung dieser Unterscheidung führt unseres Erachtens zu Täuschungen hinsichtlich ihrer Genese und besonders ihrer Lokalisation. Wir wollen daher zunächst und kurz die vegetativen Symptome des Anfalls und der Aura besprechen.

a) Die vegetativen Symptome des Anfalls.

Die obligateste Erscheinung des epileptischen Anfalls seitens der vegetativ innervierten Organe ist die *Erweiterung und Starre der Pupillen*. Sie ist im großen Anfall als Kardinalsymptom zu werten und dient daher dort als wichtigstes differentialdiagnostisches Zeichen. Sie findet sich meist auch im *petit mal* und in der *Absence*, wird aber hier auch bisweilen vermißt.

Dem Pupillensymptom an Wertigkeit und Häufigkeit folgt der *Secessus urinae*, eventuell auch *alvi*. Auch der Harnabgang findet sich häufig bei abortiven Anfällen ohne Zusammenstürzen und Krämpfen. Fast stets in wechselndem Ausmaße vorhanden, aber nicht gerade ein Charakteristikum der Epilepsie zu nennen sind die *vasomotorischen* Hauterscheinungen, besonders des Gesichtes, das *Erblassen* und *Erröten*, die *Cyanose*. Auch werden Retinagefäße kontrahiert beschrieben, welche später prall gefüllt und gespannt erscheinen, die Papillen sind in diesem Stadium hyperämisch, die Venen stark geschlängelt. Es sei nochmals betont, daß hier *nicht* die Rede von der präparoxysmalen und initial-paroxystischen Vasoconstriction des Gehirnes ist, welche weiter unten des näheren erörtert wird. Nicht minder auffällig und häufig ist die *Salivation*, weniger häufig der *Schweißausbruch*.

Nun sind alle diese vegetativen Symptome des Anfalls dadurch gekennzeichnet, daß sie durchaus *zentralen* Ursprungs sind. Schlagartig setzen sie beim Eintritt der epileptischen Synkope ein, gleichzeitig mit den Symptomen des pyramidalen und extrapyramidalen Systems und erlöschen ebenso wie diese am Anfallsende. Es ist gewiß, daß sich die vegetativen Zeichen des Anfalls nicht auf die genannten Erscheinungen beschränken. Nur ist ihre Feststellbarkeit durch den stürmischen Verlauf des Anfalls selten möglich. So kann man mit ziemlicher Sicherheit *Schwankungen des Blutdruckes* als obligate Begleiterscheinung annehmen; desgleichen sind momentan einsetzende und zentral veranlaßte Stoffwechselstörungen im höchsten Grade wahrscheinlich. Auch die schlagartig einsetzende Bewußtlosigkeit wird von manchen mit gutem Grunde nicht als eine corticale „Hemmungsentladung" angesehen, sondern eher von einem, allerdings noch unbekannten subcorticalen Zentrum ausgehend angenommen (L. R. Müller).

O. Foerster hat die Bewußtlosigkeit als Folge des vom Vasomotorenzentrum der Oblongata aus plötzlich erzeugten Vasomotorenkrampfes der Rinde gedeutet.

Der gleiche zentrale Ursprung kommt auch durchaus den vegetativen *Auraerscheinungen* zu, die ja zweifellos schon als Teil des Anfalls aufzufassen sind, und nur dadurch eine besondere Prägung erhalten, daß sie zeitlich dem Eintritt des Bewußtseinsverlustes vorausgehen. Das von so vielen Kranken als undefinierbar bezeichnete, vom Magen aufsteigende Gefühl, bald mehr als Hitze, bald mehr als Angst angedeutet, die vielfachen Schwindel- und Übelkeitserscheinungen, die oft lokalisierten Frost-, Hitze- und Ertaubungsgefühle weisen gleichfalls durchwegs zentralen Charakter auf.

Es ist unverkennbar, daß bei diesen paroxysmalen Erscheinungen *sympathicotonische* Zustandsbilder vorwalten, was seinerzeit Krasser zu seiner Annahme einer paroxysmal erhöhten Sympathicusreizung durch Adrenalin veranlaßte und sicherlich auch der Ausgangspunkt der bekannten Nebennierentheorie H. Fischers gewesen sein dürfte. Unbeschadet der mit Recht hervorgehobenen Bedeutung des Adrenalsystems für die Genese des epileptischen Anfalls, scheinen uns die *paroxysmalen* Symptome zum Unterschied von den später zu erörternden präparoxysmalen hierfür keine Beweiskraft zu besitzen, da sie unseres Erachtens lediglich vegetativ-nervöse Ausdrucksformen des allgemein cerebralen epileptischen Mechanismus darstellen und den generalisierten motorischen Krampferscheinungen koordiniert sind. Das Vorwiegen des Sympathicotonus im entwickelten Anfall scheint uns eher im Sinne der geistvollen und ansprechenden Theorie W. R. Heß' verständlich zu sein, der im Sympathicus den *ergotropen Abschnitt* des vegetativen Nervensystems erblickt. Da dem Krampfanfall im *biologischen* Sinne eine eminent bedeutungsvolle *dissimilatorische* Wirkung zukommt, liegt es in der Natur der Sache, den Sympathicus, den vegetativ-nervösen Repräsentanten der *katabolen Phase*, vorherrschen zu sehen. Ebenso entspricht es der Heßschen Theorie, daß im postparoxysmalen Erschöpfungsstadium der *Parasympathicus* — von Heß als *histotroper Abschnitt*, von Cannon (zitiert nach Heß) als *assimilatorischer Nerv* bezeichnet, die Führung übernimmt (Schlaf!).

Die Veranlassung für die gesonderte Besprechung der vegetativ-nervösen Erscheinungen der *paroxysmalen* Periode liegt, wie gesagt, darin, daß diese lediglich symptomatische Äußerungen des sich auch über die basalen vegetativen Zentren erstreckenden epileptischen Erregungsmechanismus sind und als solche den cortical-motorischen, sowie den striopallidären Tonuserscheinungen des Krampfanfalls gleichzustellen sind. Praktisch kommt ihnen höchstens ein lokalisatorisches Moment zu, wofern sie als initiales Vorkommnis, etwa als Aura, die Szene einleiten, ebenso wie dies bezüglich der cortical ausgelösten Initialsymptome gilt, deren Erkenntnis neuerdings durch O. Foerster wesentlich vertieft wurde.

Ungleich größere Bedeutung besitzen für unser Problem die klinisch habituellen, die intervallären und besonders präparoxysmalen Symptomenbilder, weshalb wir uns nunmehr der Erörterung dieser zuwenden.

b) Die klinisch habituellen und intervallären Zeichen.

Zunächst möchte ich der Meinung Ausdruck geben, daß jeder Versuch, eine Einteilung der Epileptiker in die viel besprochenen, auf *struktureller* Basis begründeten Konstitutionstypen vorzunehmen, vergeblich ist. Welchem Konstitutionstyp begegnet man nicht häufig genug unter den Epileptikern? Auch mit der Konstatierung des angeblichen Vorwiegens des „dysplastischen" Habitus scheint uns nicht viel gewonnen, da dieser selbst einen so großen Formenkreis umspannt, daß sein Wert als Typ stark beeinträchtigt erscheint. Wenn es guten Epilepsiekennern oft gelingt, dem eintretenden Kranken die Diagnose von Gesicht und Leib abzulesen, so scheint mir diese intuitiv gewonnene Erfahrung sich eher auf die im Gesamtaspekt zum Ausdruck kommenden *Folgen* einer chronisch bestehenden Epilepsie zu begründen.

Von einem nach der *Funktion* gerichteten Einteilungsprinzipe aus lassen sich die Epileptiker unschwer in eine große Gruppe einfügen, die seinerzeit von v. Bergmann als „vegetativ Stigmatisierte" zusammengefaßt und treffend bezeichnet wurde. So klar das Wesen dieses Begriffes, so allgemeinverständlich seine Bezeichnung ist, so schwer würde es, eine erschöpfende klinische Darstellung aller dieser Stigmen, ihrer mannigfaltigen Kombination, ihrer zeitlichen Variationsfähigkeit, ihrer Abhängigkeit von äußeren und inneren Bedingungen zu geben. Eine suffiziente, deskriptive Schilderung scheitert daran, daß wir *heute* unter diesem älteren v. Bergmannschen Begriffe, der sich zunächst auf das vegetative Nervensystem bezog, nichts mehr von einem *Vago-* und *Sympathicotonus* verstehen, sondern ihn im Sinne des umfassenden, eine Vielheit von lebenswichtigen Faktoren darstellenden „vegetativen Systems" von Kraus auffassen, wie dies auch neuerdings v. Bergmann in seiner Abhandlung im Mohr-Stähelinschen Handbuch zum Ausdruck bringt. Da es sich nicht um Formentypen, sondern um *Reaktionstypen* handelt, die sich aus der Mannigfaltigkeit interferierender Bedingungen und zeitlich begrenzter Konstellationen erheben, widerspräche es ja geradezu ihrem ephemeren Charakter, sie als fixierte Zustandsbilder darstellen zu wollen. Es wird sich daher eine solche Beschreibung immer nur vom Gesichtspunkte des jeweils untersuchten Funktionsprinzips gewinnen und niemals eine generelle, für alle Individuen dieser Art und für jeden Zeitpunkt geltende Gesetzmäßigkeit aufstellen lassen.

Trotzdem glaube ich auf Grund meiner, zunächst an Epileptikern gewonnenen Erfahrung, jedoch über diese Krankengruppe hinausgehend, eine gemeinsame Eigenheit der „vegetativ Stigmatisierten" hervorheben zu können. Und das ist ihre sich in allem und jedem manifestierende „*Labilität*". Es sei schon an dieser Stelle die auch von O. Foerster in seinem Düsseldorfer Referate als charakteristisch hervorgehobene Labilität der Reizschwelle der peripheren Nerven als Beispiel herangezogen, welche innerhalb weniger Minuten einmal hoch, einmal tief befunden werden kann. Wenn ich auf diese Labilität immer wieder als die einzige, für den Epileptiker typische Eigenschaft hingewiesen habe, so habe ich auch stets mit Nachdruck betont, daß sie *nicht* etwa als ein Kardinalsymptom der epileptischen Krankheit, sondern vielmehr als ein *Reaktionstyp eines umfassenden funktionellen Formenkreises* aufzufassen ist, dem auch die Epileptiker — und zwar insgesamt — angehören. In diesem Sinne gewinnt diese Eigentümlichkeit einen bedeutungsvollen *prädisponierenden* Charakter.

Da wir dieser „Labilität" bei allen noch zu besprechenden Faktoren begegnen werden, beschränken wir uns hier darauf, ihren rein klinisch wahrnehmbaren Ausdruck darzustellen.

1. Die periodische Verstimmung.

Hier wäre zunächst die auffallend wechselnde *Stimmungslage* der Epileptiker anzuführen. Die Stimmungsschwankungen vollziehen sich mitunter ganz unvermittelt und ohne sichtbaren äußeren Grund. Bei näherem Zusehen ergibt sich bald, daß der Umschwung niemals eine isolierte Erscheinung ist, sondern stets mit anderen Veränderungen, besonders seitens des Stoffwechsels, Hand in Hand geht. In einigen Fällen ist dieser Wechsel am ganzen somatischen und psychischen Habitus wahrnehmbar. So berichteten ich und Walter in unserer Studie „Untersuchungen bei periodischer Epilepsie, I." eine besonders instruktive Krankengeschichte einer 24jährigen Frau, die typisch intermenstruelle Anfälle darbot. In ihrer kritischen Zeit trat eine ungewöhnlich auffällige Veränderung in ihrem ganzen Wesen ein. Die sonst heiter-liebenswürdige und fleißige Kranke wurde moros, arbeitsunlustig, zänkisch und verschlossen, sie klagte über beständiges Müdigkeitsgefühl, es traten beängstigende Träume vorwiegend erotischer Färbung auf, auch im Wachzustand wurde sie von einer peinlichst empfundenen gesteigerten Libido belästigt. Ihr Gesichtsausdruck wurde schlaff, die Augen glanzlos, die Bewegungen gehemmt und schleppend, das Körpergewicht stieg trotz verminderter Appetenz (Wasserretention!), der Reststickstoff erhob sich mitunter bis auf 62 mg/%, die AOeZ, intervallär auffallend hoch, sank auf 3 MA. Auf der Höhe dieser sich allmählich entwickelnden Erscheinungen kam es zu einer Serie von 3—4 kurz aufeinanderfolgenden Anfällen; doch konnten sich auch die Störungen wieder zurückbilden, ohne daß Anfälle auftraten. Wichtig ist nun, daß die psychischen und somatischen Beschwerden periodisch und lange vor dem ersten Auftreten von Anfällen bestanden, die erst spät im Anschluß an ein Kopftrauma erschienen. Es bestand direkte Heredität. Großvater und eine Base (beide väterlicherseits) litten an Epilepsie, ihr Vater an Bronchialasthma.

Auch gegenwärtig steht eine menstruelle Epileptikerin in meiner Beobachtung, gleichfalls mit Erhöhung des Reststickstoffes in der kritischen Zeit, in welcher dann auch eine schwere melancholische Depression einsetzt, Versündigungsideen wegen lange zurückliegender masturbatorischen Akte bestehen, während die Kranke intervallär eher ein hypomanisches Wesen zur Schau trägt.

Diese Verstimmungszustände sind ja bereits vielfach studiert und beschrieben (Aschaffenburg, Redlich, Römer u. a.). Aschaffenburg findet sie sogar in 78% seiner Fälle und will sie als Äquivalente auffassen. Diese Bezeichnung ist schließlich Sache der Einstellung, wie weit man den Begriff der spezifisch epileptischen Krankheitsäußerung ausdehnt. Ich möchte mich gegen diese präjudizierliche und damit die Genese dieser Erscheinungen verschleiernde Qualifikation aussprechen, wie gerade unser erstbeschriebener Fall demonstriert. Aus ihm geht hervor, daß die psychische Labilität mit dem Einsetzen der Menarche im 11. Lebensjahr zum Vorschein kommt, während unzweideutige Zeichen der Epilepsie erst im 23. Lebensjahre, einige Monate nach einem Kopftrauma, auftreten. Will man den Tatsachen nicht Gewalt antun, so muß man die periodischen Verstimmungszustände dieser Kranken als eine konstitutionell begründete Eigenschaft eines heredität belasteten und zur Epilepsie zweifellos prädisponierten Individuums ansprechen. Sie gehören unseres Erachtens durchweg einer Sphäre an, die *unmittelbar* mit dem nosologischen Wesensbegriff „Epilepsie" nichts zu tun hat, *mittelbar* aber insofern, als diese Sphäre eben eine wichtige Voraussetzung für den Ausbruch der Epilepsie bedeutet.

Es ist angesichts des ungewöhnlichen Lebenstermines von 23 Jahren (bei einer seit 12 Jahren menstruierten Frau) und angesichts des vorausgehenden Traumas die Annahme durchaus berechtigt, daß die manifeste Epilepsie *ohne* Trauma nicht in Erscheinung getreten wäre. Die labile Stimmungslage aber wäre nach wie vor niemals als epileptisch angesehen worden, ebensowenig, wie dies jemandem *vor* dem 23. Lebensjahre der Kranken eingefallen ist.

Von diesem Gesichtspunkte aus betrachtet wird es klar, daß diese (und manche anderen) bei Epileptikern beobachteten Erscheinungen *nicht* zum spezifischen Symptomenkomplex der Epilepsie gehören (daher auch nicht als Äquivalente bezeichnet werden können), daß ferner die gleichen Erscheinungen bei zahlreichen Nichtepileptikern angetroffen werden, weil sie die Stigmen einer großen konstitutionsverwandten Menschengruppe darstellen, welche ich mit Peritz als *Spasmophile* (aber nicht im Sinne der Kinderärzte), oder unpräjudizierlicher und weiter gefaßt, mit v. Bergmann als „vegetativ Stigmatisierte" bezeichne.

Darin liegt kein Gegensatz. Nach Vogt stellt die Spasmophilie einen reizvollen Gegenstand der Forschung dar wegen der doppelten Beziehung, die sie zum Nervensystem wie zum Stoffwechsel besitzt.

Die Simultanität dieser psychischen Stimmungsschwankungen mit ebenso labilen Störungsbefunden im Bereiche des vegetativen Systems (im Sinne von Kraus) gestattet keinen Zweifel an einem Zusammenhang. Es ist mir aber niemals eingefallen, epileptische Zustände in kausaler Abhängigkeit von jeweils untersuchten Stoffwechselelementen hinzustellen, wie dies z. B. Wuth meinen Befunden und jenen anderer Autoren gegenüber hartnäckig einzuwenden pflegt.

Ich habe stets betont, daß die klinischen Manifestationen und die physikalisch-chemisch nachweisbaren Störungen als koordinierte Ausdrucksformen eines komplexen, in die Organgewebe zu lokalisierenden pathologischen Vorganges aufzufassen sind, den wir mit Kraus in Änderungen der chemisch-physikalischen Spannung an der cellulären Grenzmembran annehmen müssen (siehe weiter unten).

Die gleichen periodisch und eventuell auch anfallsartig einsetzenden psychischen Schwankungen bei Nichtepileptikern, bei welchen auch, soweit untersucht, ähnliche Stoffwechselstörungen erhoben worden waren (siehe Glasers Calciumschwankungen bei Hysterischen und Psychopathen), beweist uns das gemeinsame Wurzelmycel aller dieser verschiedenen Krankheitskategorien.

Dies scheint uns auch die so überaus häufige Überlagerung der Epilepsie mit hysterischen und neurotischen Zügen zu begründen, welche oft genug differential-diagnostische Schwierigkeiten bereiten und wohl auch den Anstoß zu den psychotherapeutischen Versuchen der Epilepsie selbst gegeben haben mochten.

Dieses gemeinsame Wurzelmycel ist eben in den noch eingehend zu besprechenden Störungen im Bereiche des „vegetativen Systems" gelegen, die in großer Mannigfaltigkeit, bald auf einzelne Organe und Organgruppen beschränkt, bald mehr oder weniger ubiquitär, die Reagibilität der spezifischen Organzellen schwanken machen.

<h3 style="text-align:center">2. Das Vasomotorium.</h3>

Ein sehr beträchtlicher Anteil der an Epileptikern wahrnehmbaren Symptome entstammt Anomalien der Vasomotilität.

Der häufige Wechsel im Funktionszustande der Hautgefäße auch in intervallären Zeiten und ohne jeden äußeren Anlaß ist ja hinlänglich bekannt und beschrieben. Nicht minder bekannt ist die häufige Kombination mit vasomotorischen Neurosen, wie Akroparästhesien, Akrocyanose, Raynaud). Ein großer Teil der sogenannten epileptoiden Zustände Griesingers beruhen auf angioneurotischen Innervationsstörungen, so die plötzlich auftretenden fleckweisen Rötungen, Hautverfärbungen, Urticariaeruptionen, Quinckes Ödem, Herzpalpitationen. Höchst auffällig ist die maßlos gesteigerte Reizbarkeit der Vasomotoren auf psychische Affekte; Freude, Ärger, Zorn rufen weit über das Physiologische gehende Reaktionen hervor. Man könnte geradezu von einem *Kurzschluß der affektiven Gefäßinnervation* sprechen.

Die von Gowers beschriebenen *vaso-vagalen* Anfälle sind ungemein häufig bei Epileptikern zu beobachten. Ich selbst konnte Zustände beobachten, die man als Nothnagels *Angina pectoris vasomotoria* auffassen muß. Hände und Füße werden kalt und gefühllos, ein brennendes, mit Angst einhergehendes Oppressionsgefühl in der Brust, Tachykardie, Frostschauer, leichte Blutdruckerhöhung kennzeichnen das Bild.

Sehr interessant sind Fälle von echter *paroxysmaler Tachykardie,* von denen gegenwärtig drei in meiner Beobachtung stehen. Die Anfälle setzen ganz abrupt ohne die geringsten Vorzeichen ein, die Kranken greifen nach dem Herzen und empfinden augenscheinlich Angst. Es kann ihnen unmittelbar oder nach kurzer Zeit ein epileptischer Anfall folgen, sie können auch als scheinbare Äquivalente verlaufen, lassen aber bei näherem Zuschen die Zeichen eines petit mal erkennen: Mydriasis und Lichtstarre, kurzdauernde Bewußtseinstrübung, Erblassen und nachfolgende Rötung des Gesichts. Dabei überdauern die kardialen Erscheinungen die epileptischen. Bei einer solchen Gelegenheit konnte ich über dem Herzen 240 Schläge in der Minute feststellen, worauf plötzlich eine sekundenlange Schlagpause folgte, nach der das Herz in einer Frequenz von 120 Pulsen weiterschlug. Dabei änderte sich auch der Rhythmus. Zuerst Pendelrhythmus, in der zweiten Hälfte normaler. Doch kamen bei dieser Kranken auch intervallär, ohne jedes epileptische Zeichen und fern von großen Anfällen, solche paroxysmale Tachykardien vor. Interessanterweise reagierten sie auffallend gut auf *Gynergen* (Ergotamin, siehe Rothlin, Adlersberg und Porges). Ich konnte eine dieser Kranken auch durch Monate mittels gleichzeitiger Verabreichung von Ergotamin und Physostigmin von diesen Attacken freihalten. Bei einer anderen Patientin traten sie typisch als Prodrome der gewöhnlich periodisch erfolgenden epileptischen Anfälle auf und gingen ihnen bis zu zwei Tagen voraus. Hier waren sie stets auch mit den Erscheinungen der oben erwähnten Angina vasomotoria kombiniert.

Das Wesen dieses Syndroms ist auch heute noch unklar. Von den meisten wird es als eine vegetative Neurose aufgefaßt. Schon Nothnagel verglich sie mit dem epileptischen Anfall und Schlesinger konstatierte bereits 1906 das Zusammentreffen mit Epilepsie. In einem Falle fand er anatomische Veränderungen am Vagus und N. ambiguus. Barnes beobachtete in etwa 15% seiner Fälle von paroxysmaler Tachykardie cerebrale Symptome, wie Schwindel, Hemianopsie, temporäre Blindheit, Bewußtseinsverlust und epileptiforme Anfälle. Seine Beschreibung erinnert wiederum an die *synkopalen* und *vaso-vagalen* Anfälle Gowers'. Wittgenstein beschreibt die Krankengeschichte einer hereditär mit exsudativer Diathese, Bronchialasthma und paroxysmaler Tachykardie belasteten Familie. Hoffmann spricht in diesem Sinne von ihr auch als allergische Reaktion bei bestimmten exogenen und endogenen Schädigungen.

Was das vegetative Nervensystem hinsichtlich seiner Bedeutung für das Zustandekommen der paroxysmalen Tachykardie betrifft, so wurde sie von den älteren Autoren schlechthin als Vagusneurose angesprochen. Daß man mit dieser Klassifikation nicht auskommt, wurde bald erkannt. Nach Gallemaerts liegt ihr eine erhöhte Erregbarkeit des Herzmuskels zugrunde, welche wieder die Folge anatomischer Veränderungen sei (in meinen Fällen sicher auszuschließen). Die Krise werde aber auf nervösem Wege ausgelöst, und zwar durch Abnahme des Vagus- und Steigerung des Acceleranstonus. Dafür spräche ja auch die häufig gute Wirkung des Physostigmins (Kaufmann, Braun u. a.), sowie die Empfehlung intravenöser Injektionen von Cholin. chlorat. (Stepp und Schliephacke). Auch die zweifellos vorteilhafte Wirkung des Ergotamins in meinen Fällen entspräche der Auffassung Gallemaerts. Interessant ist, daß Galli wiederholt die Attacken durch den Valsalvaschen Versuch kupieren konnte, in einem Falle aber auch einen Anfall hervorrief. Schuster will in zwei Fällen mit einer intravenösen Injektion von 1 ccm Adrenalin (!) in 10 ccm physiologischer NaCl-Lösung

guten Erfolg beobachtet haben. Martinez fand bemerkenswerterweise in 74%
seiner Beobachtungen grobe Störungen in der Funktion der Schilddrüse und der
Geschlechtsorgane. Wohl abzulehnen ist Perreros Annahme einer corticalen
Läsion im Bereiche eines „Herzzentrums", die er in seinen Fällen von Epilepsie
und Tachykardie supponierte.

Ich habe die paroxysmale Tachykardie als nicht zu seltenes Vorkommnis bei
Epileptikern aus dem Grunde eingehender erörtert, weil sich an ihrem Beispiel
wieder die Komplexität der Störungen im Bereiche des vegetativen Systems
wahrnehmen läßt, ohne daß bisher einschlägige Untersuchungen durchgeführt
worden sind. Daß sich in solchen Fällen auch chemisch-physikalische Störungen
nachweisen lassen, wird später in den Kapiteln über die Funktionsprüfung und
über den Mineralstoffwechsel gezeigt werden.

Es ist leicht verständlich, daß die häufigen und in die Augen springenden
vasomotorischen Erscheinungen der Epileptiker schon früh den Gedanken auf-
kommen ließen, daß in ihnen vielleicht ein genetischer Faktor für den Anfall zu
suchen sei. Dieser anscheinend erstmalig von Kußmaul und Tenner, dann
von Jakson erwähnten Gehirnanämie wurde von Nothnagel anläßlich seiner
bedeutsamen Experimentaluntersuchungen über Epilepsie (Krampfzentren im
Pons und in der Medulla oblongata) zu seiner bekannten vasomotorischen Theorie
ausgebaut. Sie wurde damals von einer Reihe von namhaften Autoren entschie-
denst abgelehnt (besonders Binswanger, Gowers), doch liegt es in der Natur
der Sache, daß vielfache phänomenologische Erfahrungen immer wieder auf sie
zurückgreifen ließen.

Es ist O. Foerster durchaus beizupflichten, wenn er in seinem Düsseldorfer
Referate auf die hohe Tragfähigkeit der vasomotorischen Theorie verwies und in
ihr die plausible Erklärung für eine Reihe epileptischer Symptome erkennt. Es
gibt wohl keinen Neurologen, der hierfür nicht manches beredte Beispiel anzuführen vermöchte. Ein ganz besonders instruktiver Fall meiner Beobachtung sei
hier kurz referiert. Ein 24jähriges, vollkommen organgesundes Mädchen erkrankt
erstmalig und plötzlich an linkseitigen Jakson-Krämpfen im Mundfacialis und
Platysma. Ein anderesmal lokalisierten sich die Krämpfe rechtsseitig im selben
Gebiet und auch im Arm. Später kam es zu myoklonischen Zuckungen halbseitig
in den Extremitäten. Zu einer anderen Zeit war nur ein „sensibler Jakson", bestehend in Parästhesien in Hand und Fuß, einer Seite vorhanden. Einmal trat
die Störung in der optischen Region auf (Flimmerskotome, das subjektive Gefühl
eines eingeengten Gesichtsfeldes bei normalem Perimeter-, Visus- und Fundus-
befunde). Unbehandelt arteten die Anfälle mitunter zu Serien schwerster, gene-
ralisierter Paroxysmen mit Zungenbiß und Secessus aus. Ich glaube, daß diese
Erscheinungen eine andere Erklärung, als daß sie durch Gefäßkrisen ausgelöst
wurden, nicht zulassen. Dafür spricht auch die Tatsache, daß sie durch energische
intravenöse Calciuminjektionen in wenigen Tagen prompt kupiert wurden. Auch
der gutartige Verlauf des Leidens der seit Jahren in meiner Beobachtung stehen-
den Kranken befestigt diese Auffassung, da diese Zustände seit langer Zeit cessieren
und nur Klagen über periodische Verstimmung und hochgradige „Nervosität"
vorgebracht werden.

Aber derartige Erfahrungen dürfen nicht zu der sicher irrtümlichen Ansicht
verleiten, in den vasomotorischen Vorgängen das Um und Auf, die conditio sine

qua non zu erblicken. Davor bewahrt uns vor allem schon die Erkenntnis, daß der Vasomotorenapparat als ein gewiß wichtiges „Betriebsstück" der wechselseitigen Abhängigkeit im Gesamtgefüge des umfassenden „vegetativen Systems" unterworfen ist und daß ferner viele epileptische Symptome und Befunde in keiner unmittelbaren Beziehung zum Vasomotorium stehen. In dieser Hinsicht sind auch die Tierexperimente Jacobis sehr aufschlußreich. Jacobi fand bei überventilierten Tieren Verengerung der Gefäße und Sinken der Reizschwelle gegenüber dem elektrischen Strome, bei nicht überventilierten Tieren konnte er durch Reizung schließlich Anfälle provozieren, doch war an den Gefäßen eine Veränderung nicht wahrnehmbar. Andererseits rief Überventilation *ohne* elektrische Reizung die Gefäßveränderung hervor, trotzdem es zu keinem Anfalle kam. Auf die bedeutsamen Schlußfolgerungen Jacobis, der für die präparoxysmalen Gefäßveränderungen bei seinen Überventilations- und Asphyxieversuchen die Störungen im Säuren-Basenhaushalt verantwortlich macht, werden wir in den bezüglichen Abschnitten zurückkommen.

Daß aber dem Vasomotorium im epileptischen Mechanismus eine gewichtige Rolle zukommt, ist nicht anzuzweifeln; daß es in hohem Maße an den Erscheinungen beteiligt ist, geht — von den bereits angeführten Momenten abgesehen — aus den bioskopischen Befunden Marburgs und Ranzis, sowie O. Foersters hervor, nicht minder aus den schon lange bekannten, häufigen, aber keineswegs generell zu beobachtenden *Blutdruckschwankungen* (Besta).

Guillaume fand Verminderung des Kalibers der Hirnarteriolen mit starker Venendilatation am Schlusse der Zuckungsphase und nach dem Anfall Vasodilatation der Arteriolen und Kapillaren am Hirn, an der Dura mater, sowie an Haut und Muskel.

Angesichts dieser reichen kardio-vaskulären Symptomatologie der Epilepsie ist es begreiflich, daß schon früh pharmakologische Funktionsprüfungen des vegetativen Nervensystems unternommen wurden. Pötzl, Eppinger und Heß waren die ersten, welche solche Untersuchungen durchgeführt haben, jedoch hierbei zu keinen charakteristischen und eindeutigen Befunden gelangt sind. Orzechowski und Meisels haben Versuche mit Adrenalin, Pilokarpin und Atropin an 20 Epileptikern angestellt und gelangten zu Ergebnissen, die „sich nicht recht miteinander in Einklang bringen ließen". Nach ihnen würde die sogenannte organische Epilepsie (nach Kinderencephalitis) deutliches „vagotonisches" Verhalten aufweisen, daneben kämen aber auch Fälle mit „Sympathicotonie" vor. Wie bereits ausgeführt, sehen die Autoren in diesen Zuständen lediglich Zeichen eines von der corticalen Läsion auf die vegetativen Zentren ausgeübten Einflusses und stellen sie anderen epileptischen Symptomen, wie z. B. Schwindel, kleinen Anfällen usw., an die Seite.

Popea, Eustatziu und Holban glauben gleichfalls einen erhöhten Tonus des vagischen Systems gefunden zu haben, doch schützt Atropin nicht vor den Anfällen. Die Hypertonie stellt nur ein Begleitsymptom des Anfalls dar, löst ihn aber nicht aus.

Ich selbst habe in einer großen Zahl von Fällen pharmakologische Untersuchungen, vorwiegend mittels Adrenalin, durchgeführt, die in erster Linie der Frage gewidmet waren, ob die Labilität im Vasomotorentonus der Epileptiker auch im Ausfall der Blutdruckkurve nach Adrenalin zum Ausdruck komme. Im

Sinne der Fragestellung mußten natürlich die Versuche *serial* angestellt werden, wodurch ich schließlich in den Besitz von weit über 300 Einzelkurven gelangte. Bevor ich meine Erfahrungen und ihre Bedeutung für die Epilepsie erörtere, sei kurz des Wandels gedacht, den die Lehre von der Funktionsprüfung durchgemacht hat.

War man ursprünglich der Meinung, in den pharmakologischen Giften Mittel in der Hand zu haben, mittels derer der Tonus des Sympathicus bzw. des Parasympathicus *isoliert* bestimmt werden könnte, so überzeugte man sich alsbald, daß die Befunde sich mit dieser Auffassung nicht vereinbaren lassen. Zunächst ergab sich bei Reizung eines der beiden Systeme, daß in den gewonnenen Kurven auch Zeichen des anderen Systems in Erscheinung traten. Man versuchte dies durch den Umstand zu erklären, daß der Organismus im Bestreben, das Gleichgewicht tunlichst zu erhalten, sofort auch mit einer Tonuserhöhung des scheinbaren Antagonisten reagiere. Aber diese Erklärung ist nicht ausreichend, da die Erscheinungen seitens des antagonistischen Systems mitunter vorausgehen. Es zeigte sich vielmehr, daß z. B. Adrenalin tatsächlich auch an den Vagusendigungen angreift (Pick).

Trendelenburg führte den Nachweis, daß bei starker Steigerung des parasympathischen und bei Lähmung des sympathischen Apparates Adrenalin seine Verwandtschaft zum sympathischen Endapparate einbüßt und zum Erreger der parasympathischen Endapparate, also zu einem muskarinartig wirkenden Körper, wird. Nach Pick hat überhaupt die isolierte Wirkung der sympathischen und parasympathischen Gifte nur für die Mittellage der Erregbarkeit Geltung; ändert sich diese nach einer Richtung, so wird der betreffende Nerv auch für die andere Giftgruppe empfindlich. Den vagalen Giften kommen nach Kolm und Pick in der Norm latent bleibende Eigenschaften zu, welche unter besonderen Bedingungen zutage treten.

Ferner zeigte sich, daß fast immer dort, wo Adrenalin intensiv wirkte, auch eine starke Pilokarpinwirkung zu finden ist (J. Bauer, Lehmann, Petrén und Thorling). Ja, Knauer und Billigheimer erlebten sogar das Kuriosum, relativ häufig auf Individuen zu stoßen, bei denen die beiden Körperhälften ein ganz verschiedenes Verhalten gegen die elektiven Pharmaka aufwiesen. Damit kann auch die schon von Oppenheim beobachtete halbseitige Temperatursteigerung bei Epileptikern zusammenhängen. Auch Danielopolu weist darauf hin, daß die meisten vegetativen Mittel auf beide Teile des Systems wirken und daß diese Wirkung abhängig ist von dem jeweils bestehenden Tonus des Systems.

Eine weitere wichtige Erkenntnis war die sogenannte *Dissoziation* der Symptome nach pharmakologischer Prüfung. Sie besteht darin, daß die verschiedenen Erfolgsbereiche der vegetativen Nerven auf die Reizung durch das elektive Gift ganz verschieden reagieren (Orzechowski und Meisels, J. Bauer, Csépal, Pletnew, Billigheimer, Veil u. a.). Orzechowski und Meisels haben dies an ihren Epileptikern direkt nachgewiesen. Pletnew konnte z. B. zeigen, daß nur in 25% seiner Fälle ein vollständiger Parallelismus aller Symptome als Reaktion auf eine den Parasympathicus blockierende Dosis Atropin zu beobachten war, in 9% fand sich eine vollständige Dissoziation, in allen anderen Fällen ergab sich eine quantitativ verschiedene Reaktion der kardialen und der sekretorischen Äste. Noch ausgesprochener erwies sich die Dissoziation gegenüber dem Adrenalin.

Die wichtigste Erkenntnis hinsichtlich der Funktion der vegetativen Nerven jedoch lieferten die Untersuchungen der Schulen H. H. Meyers und Fr. Kraus', *da sie die Abhängigkeit der Nervenwirkung vom Elektrolytgehalt der Erfolgsorgane aufdeckten.* Damit waren die alte Vorstellung von der Souveränität der Nervenzelle umgestoßen, die Erscheinungen der Dissoziation in einfacher Weise geklärt, die verschiedenen Kurvenformen in anderem Sinne als bisher verständlich gemacht. Der Schluß, aus dem Ausfall eines Reizversuches das Bestehen eines Sympathicotonus oder eines Vagotonus zu diagnostizieren, kann nicht mehr aufrecht gehalten werden. Die Einwendungen, welche seit Lewandowsky von einer Reihe von Autoren gegen die Überwertung und Auslegung der pharmakologischen Prüfung erhoben wurden, haben durch diese Feststellung erst ihre experimentelle Begründung erhalten.

Wir haben uns hier mit der historisch-kritischen Darstellung der Funktionsprüfung aus dem Grunde eingehender beschäftigt, um darzutun, in welchem Sinne und in welcher Tendenz unsere Reizungsversuche unternommen worden waren.

Nicht die Frage, ob die Epileptiker Vago- oder Sympathicotoniker seien, veranlaßte uns zu den Untersuchungen, sondern lediglich die Frage, ob sich die Labilität der Epileptiker auch in den Reaktionen auf die vegetativen Gifte kundgebe. Da uns in erster Linie das Verhalten der Vasomotoren interessierte, beschränkten wir uns als Test der Adrenalinwirkung auf den Blutdruck, den wir nach der Csépaischen Methode prüften (intravenöse Injektion von 0,01 mg Adrenalin, Bestimmung des Blutdruckes alle 15 Sekunden). — Wir halten diese Methode nicht nur für die beste, sondern *für diesen Zweck* als die einzig gangbare, da sie die Bestimmung von allen anderen vegetativen Einflüssen, besonders von den jeweils herrschenden Resorptionsverhältnissen, befreit. Sie bietet überdies den für Arzt und Patienten gleich willkommenen Vorteil, daß sie die Vorgänge auf wenige Minuten zusammendrängt, die subjektiven Beschwerden auch nicht so stürmisch werden läßt als die subkutane, alles Momente, welche besonders bei *serialen* Untersuchungen sehr ins Gewicht fallen.

Unsere Ergebnisse können dahin zusammengefaßt werden, daß sich in einem Teil der Fälle Schwankungen im Ausfalle der Adrenalin-Blutdruckkurven ergaben, welche mitunter Differenzen bis zu 40 mm Hg betrugen. Sehr oft traf die höhere Adrenalinempfindlichkeit mit einem höheren Ausgangswert des Blutdruckes zusammen. Solche Kranke pflegten auch, worauf schon v. Bergmann hingewiesen hat, auf den Einstich mit einer Blutdrucksteigerung zu reagieren, in welchem Falle man mit der Injektion bis zur Rückkehr des Blutdruckes zu seiner ursprünglichen Höhe warten muß. Sehr interessant erwies sich eine Kranke, bei welcher sich zweimal im Anschluß an den Adrenalinversuch ein Anfall einstellte, wobei wir das eine Mal eine Erhöhung um 36 mm Hg, das andere Mal um 32 mm Hg erhielten, während wir auch einmal Gelegenheit hatten, unmittelbar *nach* einem Spontananfall die Adrenalinblutdruckkurve dieser Kranken zu bestimmen, die nur eine Erhöhung von 15 mm Hg aufwies. *Es war somit die Adrenalinempfindlichkeit nach dem Anfalle um mehr als die Hälfte gesunken* (vgl. das starke Sinken der Erregbarkeit der peripheren Nerven und des Cortex nach einem Anfalle). Die von Dresel, Kylin u. a. beschriebene und als „vagotonisch" gedeutete anfängliche Senkung des Blutdruckes sahen wir nur selten. Weitaus häufiger die initiale Pulsverlangsamung. Die Pulsfrequenz verlief im allgemeinen konform der Blutdruckkurve, nicht zu selten jedoch wurde ein Parallelismus zwischen beiden Kurven vermißt, indem entweder nur der Druck oder nur die Frequenz eine Erhöhung erfuhr.

Wir sehen also eine zeitweise bestehende, besonders ausgesprochene vasomotorische Reizempfindlichkeit auftreten, die sich nicht nur in dem Ausmaße der Reaktion auf Adrenalin, sondern auch schon im höheren Niveau des Ausgangswertes, sowie in der größeren Labilität und Empfindlichkeit des Blutdrucks gegen unspezifische Reize (Einstich!) kundgibt. In den der Beurteilung zugänglicheren Fällen von periodischer Epilepsie fällt der Höhepunkt dieser besonderen Ansprechbarkeit der Vasomotoren in die präparoxysmale Zeit, wie dies am schönsten solche periodisch Kranke demonstrieren, die auch klinische Zeichen ihres labilen Vasomotoriums aufweisen (paroxysmale Tachykardie, Angina pectoris vasomotoria usw.). Aber auch in den intervallären Zeiten lassen sich Schwankungen nachweisen, worauf übrigens schon die Blutdruckuntersuchungen Bestas, Meyers und Brühls u. a. hindeuten.

Man muß sagen, daß sich schon bei der klinisch-pharmakologischen Prüfung der Eindruck aufdrängt, der Wirkung von Faktoren gegenüberzustehen, die außerhalb des rein *nervösen* Einflusses auf den Vasomotorentonus liegen, wenn die Probanden unter gleichen Bedingungen und unter Vermeidung aller emotiven Einflüsse einen solch raschen Wechsel der Reaktionsgröße in kurzen Zeitintervallen aufweisen.

Als solche Faktoren haben sich in erster Linie die Elektrolyte erwiesen. Da wir uns mit dem Mineralstoffwechsel in einem späteren Kapitel eingehender zu beschäftigen haben, sei er hier nur insoweit besprochen, als es zum Verständnis seiner Bedeutung für den Ausfall der pharmakologischen Funktionsprüfung notwendig ist. Da ist zunächst daran zu erinnern, daß die Funktion der vegetativen Nerven von der Anwesenheit *aller* Elektrolyten abhängt (S. G. Zondek). Es entsprechen auf Grund zahlreicher, später noch zu erörternder Untersuchungen die Wirkung von Natrium und Kalium der Vagusreizung, jene des Calciums der Sympathicusreizung (Wollheim u. a.). Aber die Vagusreizung kommt auch bei Fehlen des Calciums nicht zustande, weil die Zelle dann auch für Kalium unempfindlich wird (Zondek). Daraus geht hervor, daß der Ausfall der Reizung eines vegetativen Nerven von der Relation von K : Ca im Erfolgsorgan abhängt, ferner daß die Wirkung in den verschiedenen Organen verschieden sein wird, da diese Relation gewiß nicht in allen Zellenkomplexen identisch ist. Billigheimer hat nach Adrenalininjektion eine Senkung des Blutkalkspiegels beschrieben. Auch Glaser nimmt gleich Billigheimer an, daß Sympathicuserregung mit Erhöhung der Calciumkonzentration im Gewebe einhergeht und der Kalk dem Blute entzogen wird. Fried und *ich* haben aus diesem Grunde anläßlich unserer Adrenalinversuche. in etwa 70 Bestimmungen gleichzeitig auch den Blutkalkgehalt bestimmt, um zu sehen, ob zwischen den Schwankungen der Adrenalinempfindlichkeit und jenen des Kalkspiegels eine Beziehung besteht. Die Veränderlichkeit der Blutcalciumwerte bei Epileptikern ist schon seinerzeit von Frisch und Weinberger festgestellt. Die Untersuchungen ergaben, daß alle möglichen Kombinationen zwischen beiden Faktoren bestehen können. Nur in zwei Fällen, die bemerkenswerterweise im höchsten Grade *vasolabil* stigmatisiert

waren,, haben wir einen der Theorie entsprechenden Parallelismus. feststellen
können. Hier ergab sich tatsächlich bei zunehmendem Kalkgehalt eine abneh-
mende Adrenalinempfindlichkeit. In anderen nicht vasomotorisch gekennzeichneten Fällen erhielten wir entgegengesetzt gerichtete Kurven. Wir können somit
Kylins Behauptung, daß vermehrter Blutkalkgehalt eine kräftig ansteigende
Adrenalinreaktion des Blutdruckes hervorruft, generell keineswegs bestätigen.

Diese Erfahrungen rechtfertigen den Schluß, daß die zu erwartende Paral-
lelität nur dort in Erscheinung tritt, wo wir mit der pharmakologischen Prüfung
das vegetativ gestörte Organ selbst treffen, ferner daß die nervöse Reizempfindlichkeit von dem *Autotonus* der Organe abhängt, der selbst einen komplexen Begriff (Elektrolytrelation, Säure-Basen-Gleichgewicht, Hormonwirkung usw.)
darstellt.

Es entspricht vollkommen unseren Erfahrungen, wenn Seitz den Vago- und
Sympathicotonus nicht in Form eines allgemeinen, den ganzen Körper erfassenden
pathologischen Zustandes findet, sondern sich nur auf ein Organ oder Organ-
system erstreckend anerkennt. Auch nach Leiter hängt der Charakter der Reaktion des vegetativen Nervensystems auf Reizung mit einem spezifischen Reiz-
mittel von der Elektrolytzusammensetzung des Milieus ab, in welchem der Reiz
erfolgt. Diesen Standpunkt nimmt sogar auch Kylin ein, der eigentlich eher einer
mit dieser Auffassung nicht vereinbarlichen Überschätzung der pharmakologischen
Reizprobe zuneigt.

Hinsichtlich des Wesens der Funktionsprüfung müssen wir uns Lewandowski, J. Bauer, Veil, Seitz, Laignel-Lavastine u. a. anschließen und
sie als eine Methode zur Feststellung eines ubiquitär bestehenden Tonus im
vegetativen Nervensystem ablehnen. Man kann mit ihr lediglich die jeweils
vorliegende Konstellation im Bereiche des speziell untersuchten Organs erkennen.

Bezüglich der Epileptiker ist auf Grund unserer Ergebnisse zu bemerken, daß
*ein Vorherrschen eines Vago- oder eines Sympathicotonus auf dem Wege der phar-
makologischen Prüfung nicht beobachtet werden konnte.* Mit wenigen Ausnahmen
ergaben die Reizversuche normale Wirkungen, allerdings aber *bei serialer Untersuchung Schwankungen in einem Ausmaße,* wie sie bei normalen Menschen un-
bekannt sind. Die Frage, welche wir unseren Bestimmungen zugrunde legten, ob
sich auch im Adrenalinversuch die Vasolabilität der Epileptiker kundgibt, ist
somit zu bejahen.

Wenn also nach alledem die hervorragende Rolle, welche das Vasomotorium
im epileptischen Mechanismus spielt, nicht bezweifelt werden kann, so ist immer
wieder nachdrücklichst zu betonen, daß sich diese Anomalien ganz im Rahmen
der komplexen Störungen im „vegetativen System" (im Sinne Kraus') vollziehen, als deren Folge und Ausdruck sie aufzufassen sind.

Es muß deshalb mit Entschiedenheit dem Versuche Wuths entgegengetreten
werden, die vasculären Störungen gewissermaßen als Mittel- und Ausgangspunkt,
als die primäre Ursache zahlreicher präparoxysmalen krankhaften Stoffwechsel-
befunde hinzustellen. Gegen diese Hypothese ist vor allem einzuwenden, daß sie
größtenteils den Tatsachen widerspricht. So z. B. führt Wuth die präparoxy-
male Gewichtszunahme, Oligurie, N-Retention, sowie die postparoxysmale Polyurie, Albuminurie, Cylindrurie auf vasculäre Störungen der Nierengefäße mit
temporärer Nierenschädigung zurück. Es ist meines Erachtens unmöglich, eine

renale Schädigung anzunehmen, ohne daß man sie klinisch festzustellen in der Lage ist. Wir haben wiederholt bei unseren Kranken die Nierenfunktion geprüft und sie ausnahmslos normal befunden. Die postparoxysmale Albuminurie ist nach unserer Erfahrung ein ungemein seltenes Vorkommnis, während wir *niemals* eine Cylindrurie beobachten konnten.

Der Wasserversuch hat stets eine normale, bzw. überschießende Ausscheidung ergeben. Die *renale* Wasserretention ist bekanntlich in einer erhöhten Ödembereitschaft charakterisiert, die weder wir noch andere Autoren jemals bei Epilepsie konstatieren konnten (siehe später). Was die renal bedingte Blutdrucksteigerung betrifft, so wissen wir, auf wie schwachen Füßen sie auch in der Nierenpathologie steht. Jedenfalls besteht unseres Erachtens keine Berechtigung, die präparoxysmale Hypertension in Abhängigkeit einer so ephemeren, sich klinisch gar nicht manifestierenden Nierenschädigung zu setzen. Im übrigen werden wir in späteren Kapiteln sehen, daß sich die Störungen oft genug gar nicht so konform und geradlinig entwickeln, wodurch sich schon ihre Unabhängigkeit von dem Ausscheidungsorgan erweist. Was sollen wir aber mit den vielfachen Störungen beginnen, die der vasculären Nierentheorie Wuths überhaupt nicht unterworfen werden können? Z. B. die Elektrolytschwankungen, Kochsalzbewegung, Blutzucker, Gerinnungsfähigkeit und viele andere. Bezüglich des Serumeiweißgehaltes ist bereits die Blutdrucktheorie als unrichtig erwiesen (Meyer und Brühl, Frisch und Fried). Weiter bleibt diese Hypothese jede Möglichkeit einer Deutung schuldig, bei verschiedenen Kranken verschiedene Elemente gestört zu finden, sowie beim selben Kranken ein Symptom anzutreffen, das andere zu missen. Und schließlich: *Warum* gibt es denn überhaupt bei diesen meist organgesunden Menschen Zirkulationsstörungen „im weitesten Sinne des Wortes", wie Wuth sich ausdrückt? Wuth beruft sich auf Analogien mit der Eklampsie, die Volhard mit der Neigung zu Gefäßkrämpfen erklärt. Aber Volhard führt die pathologisch gesteigerte Ansprechbarkeit der Gefäße für konstriktorische Reize gleichfalls auf das Kreisen krampffördernder Gifte zurück. Auch Seitz stellt eine erhöhte Labilität des ganzen Vasomotorenapparates in der Gravidität fest, an deren Ende vasokonstriktorische Tendenzen vorherrschen. Für diese macht er jedoch das Zusammenwirken verschiedener Faktoren verantwortlich, wie chromaffines System, Hypophyse, Gifte, die beim Zellzerfall entstehen, Abnahme der Alkaleszenz des Blutes und Änderungen im Elektrolytsystem.

Aus diesem Grunde bleibt auch Wuth nichts übrig, als die vasculären Störungen als eine „Etappe" (neben der des Säure-Basenhaushalts) anzusehen, „über welche der Weg zur Auslösung des Krampfmechanismus abläuft" und letzten Endes doch auf „tiefgreifende Störungen des Zellmechanismus" zu rekurieren. Wir können den Vorteil nicht einsehen, eine durchaus nicht obligate Etappe zum Kern des Krampfproblems zu machen und dieserart die Aufmerksamkeit von den „letzten Gliedern" der pathogenetischen Vorgänge abzulenken.

3. Magen- und Darmsymptome.

Setzen wir die Besprechung der klinisch feststellbaren vegetativen Symptome der Epilepsie fort, so müssen wir die eigenartigen Erscheinungen im Bereiche des Verdauungstraktes anführen. Bekanntlich sind des öfteren Anomalien der Salzsäuresekretion bei Epileptikern beobachtet worden. Da seriale Untersuchungen, wohl wegen ihrer schwierigen Durchführbarkeit, ausstehen, ist über die wahrscheinlichen Zusammenhänge der Sekretionsstörungen des Magens mit den später noch zu besprechenden Änderungen im Kochsalzhaushalt nichts Positives zu sagen. Sicherlich wäre simultane Beobachtung beider Faktoren sehr aufschlußreich.

Nicht minder interessant ist die schon von Orzechowski und Meisels beschriebene, präparoxysmal einsetzende *Obstipation*, die man in einigen Fällen beobachten kann und die durch ihr refraktäres Verhalten gegen jegliche Therapie bemerkenswert ist. Orzechowski und Meisels sprechen sie als *vagotonisches* Zeichen an; tatsächlich scheinen auch Züge spastischer Übererregbarkeit vorzuherrschen, doch glauben wir mit Rücksicht auf die Wirkungslosigkeit selbst großer Atropin- und Belladonnadosen, daß es sich wohl um Kombinationsformen mit sympathischen Innervationsstörungen handelt.

Die oft von mir beabsichtigte röntgenoskopische Beobachtung solcher Zustände scheiterte leider bisher immer an äußeren Hindernissen.

4. Schweiß.

Schließlich sei hier noch ganz kurz der außerordentlichen *Schweißbildungen* gedacht, durch die manche Kranke in den kritischen Zeiten auffallen. In dieser Beziehung sei nur kurz darauf hingewiesen, daß nach den Untersuchungen Billigheimers für die Schweiß*förderung* eine doppelte Innervation zu bestehen scheint.

Zusammenfassung.

Hinsichtlich der klinisch-vegetativen Erscheinungen sind die paroxysmalen und die intervallären Perioden scharf zu trennen. Die vegetativen Symptome der ersteren tragen durchaus zentralen Charakter und fügen sich als Teilerscheinung in den pyramidalen und extrapyramidalen Symptomenkomplex des epileptischen Anfallsmechanismus ein. Im. Vorherrschen sympathicotonischer Auswirkungen sehen wir ein beredtes Illustrationsfaktum für die geistvolle Theorie von W. R. Hess, nach welchem der Sympathicus den ergotropen Abschnitt des vegetativen Nervensystems darstellt. Er wird somit in der eminent dissimilatorischen Krampfphase die Szene beherrschen.

Anders liegen die Verhältnisse in den intervallären Zeiten, welche durchaus Mischbilder darbieten. Auffallend ist jedoch, besonders in der präparoxysmalen Periode, die mitunter außerordentlich gesteigerte Ansprechbarkeit sowie die Labilität der tonischen Einstellung. Von einem isoliert erhöhten Tonus in einem der beiden Systeme ist nichts zu bemerken. Es wird auf die Abhängigkeit der nervösen Funktion von anderen, außerhalb des Nervensystems liegenden Faktoren verwiesen.

Es wird vielleicht befremdend wirken, die Stimmungsschwankungen der Epileptiker in der Reihe vegetativer Störungen abgehandelt zu finden. Darin sei unser Standpunkt gekennzeichnet, die affektiven Störungen als psychisches Korrelat der in der spezifischen Zellfunktion zur Auswirkung gelangenden Anomalien des Stoffwechsels anzusehen.

III. Stoffwechsel.

Wenden wir uns nunmehr der Besprechung der auf physikalisch-chemischem Wege feststellbaren Stoffwechselstörungen der Epileptiker zu, so werden wir erst recht auf Schritt und Tritt der Komplexität der Vorgänge, der unlösbaren Zusammengehörigkeit, des gegenseitigen Sichbedingens und Ineinanderfließens gewahr. Deshalb muß eine aus dem Grunde der Übersichtlichkeit gezwungenermaßen kategorisierende Darstellung immer nur Stückwerk bleiben.

Entsprechend den modernen Anschauungen und Methoden der Biochemie werden im Vordergrund der folgenden Erörterungen die aus dem Blutchemismus erkennbaren Veränderungen stehen, deren Betrachtung also im wesentlichen von den drei Grundprinzipien: der Isotonie, Isochemie und Isoionie des Blutes ihren Ausgang nehmen muß. Da aber bekanntlich die Tendenz der Aufrechterhaltung gleichen osmotischen Druckes, gleicher Ionenkonzentration und des gleichen Status an chemischen Valenzen *nur* im Blute besteht, während in den Organgeweben der stete Wechsel dieser Faktoren eine vitale Grundbedingung darstellt, so haben die im Blute erkennbaren Änderungen lediglich die Bedeutung *eines Spiegelbildes der sich im Gewebe abspielenden* und meist direkter Beobachtung unzugänglichen *Lebensprozesse*, die auf dem Wege des Stoffaustausches zwischen Gewebe und Blut in letzterem zum Vorschein kommen können. *Können*, aber nicht *müssen!* (siehe später).

Diese Tatsachen hier besonders hervorzuheben scheint mir notwendig gegenüber der bereits erwähnten kritischen Einstellung mancher Autoren (Wuth, Hartmannsche Schule u. a.), die mißverständlicherweise den vielfach beschriebenen *Blut*befunden die Auffassung unmittelbarer Zusammenhänge mit den Krankheitsäußerungen supponieren.

a) Wasser- und Kochsalzstoffwechsel.

Mit gutem Grunde und ganz im Sinne der Krausschen Konzeption stellen wir an die Spitze des Stoffwechselteiles die Erscheinungen seitens des *Wasser- und Kochsalzhaushaltes*, ist doch das Wasser als Dispersions- und Lösungsmittel aller Stoffwechselelemente die Conditio sine qua non allen Austausches zwischen Blut und Gewebe und im Gewebe selbst. Nach Kraus ist die Grundlage aller Anpassung die „*vegetative Strömung*". Dabei aber betont Kraus, daß der Darstellung des Flüssigkeitsverkehrs nicht *nur* die hydraulischen Verhältnisse des geschlossenen Kreislaufes zugrunde gelegt werden dürfen; dieser ist nur als *eines* der Mittel für die als *Ganzes* aufzufassende Dynamik des Säfteverkehrs im Organismus anzusehen. Kraus verlegt die „hauptsächlichste Triebkraft für die Bewegung der Gewebsflüssigkeit, für die Ansammlung, das Festhalten der Flüssigkeit in und aus den Geweben, für den Gewebsdruck und seine Schwankungen in die Gewebe selbst".

Was nun den Epileptiker betrifft, so haben ich und Walter seinerzeit bei Kranken mit ausgesprochener periodischer Anfälligkeit in der kritischen Zeit beträchtliche Gewichtszunahmen beobachtet und beschrieben, welchen nach Beendigung der Krampfserien ein Gewichtssturz folgte. Wir haben damals diese Erscheinung als den Ausdruck einer präparoxysmalen Wasserretention und einer postparoxysmalen Steigerung der Wasserabgabe aufgefaßt und mit der von Rohde konstatierten, von Allers bestätigten präparoxysmalen Oligurie in Beziehung gebracht. Gemeinsam mit Weinberger konnte ich gleichfalls bei periodischen Epileptikern nachweisen, daß dieser Gewichtszunahme eine stärkere Chlorbindung im Organismus parallel geht. Wir fanden in dieser Zeit bei einer

Kranken eine ganz ungewöhnliche Hypochlorämie in einem Ausmaße allerdings, wie uns dies in keinem anderen Falle mehr gelang. Wir werden übrigens sehen, daß eine solche zeitweise Chlorretention vor sich gehen kann, ohne daß sie im Blut zum Ausdruck kommen muß. Wir haben in diesen Fällen auch die Nierenfunktionsprüfung mittels des Wasserversuches angestellt, die normale Reaktion seitens des Ausscheidungsorganes ergab, so daß wir die Ursache der Wasserretention in die Gewebe verlegen mußten.

Es ist begreiflich, daß unsere Aufmerksamkeit seither dauernd dem Probleme des Wasserhaushaltes gewidmet war, weshalb wir heute über eine außerordentlich große Zahl von Beobachtungen bei allen möglichen klinischen Epilepsieformen verfügen.

Es ergaben sich hierbei verschiedene Typen der Störung des Wasserhaushaltes, welche aber von ihren Trägern individuell konsequent festgehalten werden. Die gewöhnlichste Form ist, analog unserer seinerzeitigen Mitteilung, jene, bei welcher in den dem Anfallstermin unmittelbar vorausgehenden Tagen das Gewicht zu-, die Wasser- und Chloridausscheidung abnimmt. Die Gewichtserhöhung kann mitunter 2 kg in 24 Stunden sogar noch überschreiten.

Ein Beispiel: T. Karoline, 18 Jahre.

Datum	Gewicht	Harn		Chlorgehalt des Harnes		Anfälle
		Menge	spez. Gew.	%	abs. Menge	
20. XI.	69,5	1406	1013	0,73	10,2	ø
21. XI.	69,7	600	1023	0,90	5,4	ø
22. XI.	71,4	1130	1020	1,0	11,3	2
23. XI.	70,1	1940	1016	0,71	13,8	ø

Dies ist der häufigste Typus.

Ein anderes, weitaus selteneres, aber sehr merkwürdiges Verhalten besteht darin, daß in der intervallären Zeit Wasser und Kochsalz eingespart werden, während unmittelbar *vor* den Anfallstagen eine stärkere Wasser- und Salzdiurese einsetzt.

Beispiel: G. Anna, 21. Jahre.

Datum	Gew.	Blutchloride		Harn		Harnchlor.		Anfälle
		Ges Blut	Serum	Menge	spez. Gew.	%	gr.	
23. XI.	52,8	—	—	1345	1016	0,65	9,2	2
24. XI.	51,5	492	—	500	1022	0,76	4,0	ø
25. XI.	52,5	455	—	365	1032	0,6	2,2	ø
26. XI.	53,7	461	—	465	1031	1,1	5,3	ø
27. XI.	53,8	—	—	1345	1017	0,5	6,2	ø
28. XI.	52,5	—	—	1075	1020	?	?	2 Anfälle, Harn inf. Sec. urin. z. T. verloren gegangen.
29. XI.	51,7	—	—	750	1017	0,9	6,9	3 Anfälle
30. XI.	53,0	529	656	690	1033	0,9	6,2	ø
1. XII.	54,2	—	—	530	1029	1,2	6,3	ø
2. XII.	53,2	480	641	1095	1016	0,67	7,3	ø
3. XII.	52,8	—	—	1260	1018	0,8	10,3	ø
4. XII.	53,2	491	640	650	1023	0,78	5,1	2 Anfälle

Die Tabelle ist in mehrfacher Hinsicht interessant und lehrreich. Wir sehen in der Intervallzeit eine mächtige Wasserretention (Harnmenge am 25. XI. nur

365 ccm), die sich auch in einem Anstieg des Körpergewichtes von 51,5 kg auf 53,8 kg manifestiert. Parallel der Wassereinsparung geht die Chloridretention (am 25. XI. werden sogar nur 2,2 g NaCl ausgeschieden). Am Tage vor dem Anfall setzt eine vermehrte Diurese mit einer relativ größeren Chlorausscheidung ein, nach dem Abfall kommt es wieder zur Oligurie.

Bemerkenswert ist, daß die Blutchloride in diesem Falle anscheinend keinen Teil an den verschiedenen Phasen der Kochsalzausscheidung haben, dagegen starke Schwankungen aufweisen, die offenbar auf ziemlich stürmische Austauschbewegungen zwischen Blut und Gewebe zurückzuführen sind. In den gleichen Phasen der Kochsalzeinsparung zeigen sie das eine Mal einen niedrigen, das andere Mal einen sehr hohen Wert. Bei dieser Gelegenheit sei darauf verwiesen, daß der von Snapper, Veil u. a. erhobene theoretische Einwand gegen isolierte Chloridbestimmungen im *Gesamt*blute praktisch nicht ins Gewicht fällt, da wir hier wie in zahlreichen anderen Parallelbestimmungen stets gleichsinnige Bewegungen der Chloride des Gesamtblutes und des Serums beobachten konnten. Besonders hervorzuheben ist die Tatsache, daß trotz geringer Kochsalzausscheidung das spezifische Gewicht des oligurischen Harnes sehr hoch ist (siehe 25. XI. spezifisches Gewicht 1032). Es wird dieses also von Achloriden, die offenbar in annähernd normaler Menge ausgeschieden werden, gebildet. Darin ist wohl ein weiteres, gewichtiges Argument gegen die Annahme zu erblicken, daß die Niere für die mangelnde Wasserausscheidung verantwortlich zu machen sei. *Sehen wir im Wasserversuch das normale Diluierungsvermögen der Epileptikerniere, so kommt hier ihre tadellose Konzentrationsfähigkeit zum Vorschein.*

Es finden sich aber auch Fälle, die im Gegensatz zu den bereits beschriebenen eine *weitgehende Dissoziation* von Wasser- und Kochsalzausscheidung darbieten. Die folgende Tabelle stammt von einer Kranken, die sich durch ziemlich ausgesprochene Polyurie und Polydipsie auszeichnet (durchschnittliche Harntagesmenge 2—3 Liter). Es kommen aber auch Tage vor, an welchen die Harnmenge unter 1000 ccm sinkt. Diese Kranke läßt den in den früheren Tabellen manifesten Parallelismus von Wasser und Kochsalz vermissen. Ihre ganztägigen Harnkochsalzwerte schwanken zwischen 6 und 22 g. Wenn wir auch freilich nicht in der Lage waren, die Krankenkost auf eine ganz bestimmte Kochsalzmenge zu fixieren, so sind doch derartige Differenzen der Einfuhr angesichts der gleichen Kostverordnung und der schablonierten Zubereitung der Anstaltskost gänzlich ausgeschlossen. Überdies nimmt diese Kranke vorwiegend flüssige und ziemlich kochsalzarme Nahrung zu sich. Zum besseren Verständnis der folgenden Tabelle bemerken wir, daß diese Patientin eine schwere, durch 4 Tage währende Anfallsserie durchmachte. Während dieser Anfallsserie sank ihr Gewicht von 89 kg auf 85,3 kg herab, das um weniges unter ihrem intervallären Durchschnittswerte liegt. In nebenstehender Tabelle sind nun die einzelnen Harnportionen des dritten Anfallstages aufgezeichnet.

Re. Anna: 3. Anfallstag.

Harn		Harnchloride	
Menge	spez. Gew.	%	g
465	1016	0,66	3,0
160	1013	0,75	1,2
50	1024	1,11	0,56
920	1008	0,05	0,4
310	1012	0,37	1,2
Sa. 1905	1015	0,59	6,36

Das Bemerkenswerteste dieser Tabelle ist der Umstand, daß plötzlich eine Miktion eine Harnmenge von fast einem Liter fördert, die praktisch als völlig chloridfrei zu bezeichnen ist, wenn man sich vor Augen hält, daß bei einem Prozentgehalt von 0,05 schon der erste Tropfen der Titration den Farbenumschlag bewerkstelligt. Der Prozentsatz der Chloride der ganzen Tagesmenge bleibt mit 0,59% unter der unteren Grenze der Norm, dessen ungeachtet wird ein normales spezifisches Gewicht von 1015 erreicht. Welch eigenartige, divergente Bilder die Triebkräfte dieser Bewegung zustande bringen, sei an der Gegenüberstellung zweier Tage mit annähernd gleicher Harnmenge von identischem spezifischen Gewicht bei derselben Patientin gezeigt:

Datum	Harn		Harnchloride		
	Menge	spez. Gew.	%	g	
22. X	2205	1011	0,47	10,3	1 Anfall in den folgenden 24 Std.
9. XII.	2530	1011	0,87	21,9	3 Tage vor Anfallsserie

Am Anfallstage ist der Chloridprozentgehalt nahezu die Hälfte des intervallären Tages, während das spezifische Gewicht die gleiche Ziffer aufweist.

Es wäre unschwer, noch eine große Zahl der verschiedensten Variationen zu reproduzieren. Aber alle laufen darauf hinaus, die schweren Störungen des Wasserhaushaltes bald in Assoziation, bald in Dissoziation zum Kochsalzstoffwechsel zu kennzeichnen.

Stellt man nun die Frage nach dem Wesen dieser Erscheinungen, so wird es notwendig, sich eingehender mit den Gesetzen und Abhängigkeiten des Wasser- und Kochsalzstoffwechsels zu befassen.

Nach Veil bilden die Mineralien, die Säuren und Basen, die Eiweißkörper, Lipoide und Kohlehydrate mit dem Wasser zusammen eine *„protoplasmatische Einheit"*. Wesentlich ist der kolloidale Aufbau des Körpers; denn in ihm liegt der Regulationsmechanismus für den Wasserhaushalt durch *Quellung* und *Entquellung* (Veil). Hinsichtlich der Wasser*bindung* im Körper spielt das Kochsalz bekanntlich die maßgebendste Rolle. Von diesem Gesichtspunkte aus hat ja auch seinerzeit Tobler jenen Teil des Körperwassers, welcher zusammen mit einer bestimmten Salzmenge zum Ansatz oder Verlust kommt, das *Reduktions*wasser bezeichnet, von dem er ein *Konzentrations*wasser unterschied, welches unabhängig vom Salzgehalt in Verlust geraten kann.

Es ist klar, daß Veränderungen aller jener genannten Faktoren, die nach Veil mit dem Wasser die protoplasmatische Einheit bilden, die Quellung und Entquellung der Gewebe bedingen.

In unseren Befunden finden wir eine Bestätigung des Satzes Onoharas: „Vermutlich liegen die Verhältnisse so, daß ein salz- und wasserreicher Organismus vor allem im Gewebe mehr Salz und Wasser aufstapelt und daher an Gewicht zunimmt. Das Blut kann dabei in seinem Wasser- und Salzgehalt unverändert bleiben. Blut und Gewebe ändern ihren Salzgehalt jeweils in entgegengesetztem Sinne." Auch Nonnenbruch weist darauf hin, daß es Zustände gibt, wo namentlich Wasser und Kochsalz im Gewebe auf Grund einer erhöhten Affinität der Gewebe selbst für diese Substanzen zurückgehalten werden. Nach ihm ist der Zustand der Gewebe überhaupt maßgebend für die Diurese.

Wir werden sehen, daß alle in den folgenden Kapiteln abgehandelten Faktoren beim Epileptiker solche Veränderungen aufweisen, wie sie nach den theoretischen Voraussetzungen und den experimentellen Erfahrungen im Sinne einer erhöhten Wasserbindung im Gewebe erwartet werden müßten. Um Wiederholungen zu vermeiden, werden wir uns hier nur auf das Notwendigste beschränken und jeweils in den bezüglichen Abschnitten auf die Frage zurückkommen.

Bezüglich des Kochsalzes haben wir noch einige Feststellungen zu machen. Nonnenbruch sieht mit Recht im Kochsalz die osmotisch wichtigste Substanz für den Körper (ebenso Zondek) und als solche begleitet es das Wasser in allen Körperflüssigkeiten. Die Reduktion des NaCl in der Nahrung ist bekanntlich von einem erheblichen Wasserverlust begleitet, der augenblicklich erfolgt (Nonnenbruch). Darin liegt sicherlich eine der therapeutischen Wirkungen der NaCl-Einschränkung nach Toulouse-Richet. Aber ebenso richtig ist sein Hinweis, daß nicht *alles* Kochsalz osmotisch wirksam ist, vielmehr besteht nach ihm die Möglichkeit, daß ein Teil desselben durch Bindung an das Körpereiweiß seiner osmotischen Funktion entzogen ist (Historetention, retention sêche der Franzosen). Ich glaube, daß ein solches Vorkommnis heute nicht mehr bezweifelt werden kann. Hier muß der Anschauung von Blum und van Caulaert gedacht werden, welche gleichfalls die Chlorretention *ohne* Wasserretention hervorheben und auf gegenläufige Bewegungen des Cl und Na bei kochsalzfreier Kost verweisen. Sie finden dort zwischen Wasser und Chlor einen Antagonismus, während das Natrium dem Wasser parallel geht. Deshalb schreiben sie dem Natrium eine ausschlaggebende Rolle bei der Hydratation zu. Einen besonders hochgradigen Anteil historetinierten Kochsalzes vermuten wir in unserem Fall der letzten Tabelle mit weitgehender Dissoziation der Wasser- und NaCl-Ausscheidung. Auch seine an den Diabetes insipidus erinnernden Züge sind im Sinne unserer Vermutung verwertbar.

Was unsere Blutbefunde betrifft, so begegnen wir vorwiegend hypochlorämischen Zuständen, was ganz im Sinne der oben zitierten Bemerkung Onoharas liegt. Wir schließen uns aber ganz der Ansicht Nonnenbruchs an, daß Hypo- und Hyperchlorämie nicht die einfache Folge einer gestörten NaCl-Ausscheidung und auch kein Maßstab für die NaCl-Bilanz ist.

Es kann somit an der Tatsache einer erhöhten Wasser- und Salzbindung im Gewebe der Epileptiker, besonders in den kritischen Perioden nicht gezweifelt werden, wenn wir auch keineswegs behaupten können, daß es sich hier um eine generelle und um eine absolut obligate Erscheinung handelt. Eine Erörterung fordert lediglich die Frage nach der Ätiologie dieser Zustände, sowie nach ihrer pathogenetischen Bedeutung. Immerhin ist es doch sehr interessant und merkwürdig, daß die alte ärztliche Empirie in Unkenntnis dieser Tatsachen und von ganz anderen theoretischen Voraussetzungen ausgehend, seit langer Zeit die salzarme Ernährung, die, wie wir heute wissen, einen der wirksamsten Faktoren zur Entsalzung und Entwässerung des Organismus darstellt, zur Behandlung der Epilepsie empfohlen hat.

Sucht man nach Analogien für diese periodischen Wasser- und Kochsalzretentionen bei sonst intakten Ausscheidungsverhältnissen, so findet man sie *mutatis mutandis* in den interessanten von Veil beobachteten Fällen von *primärer Oligurie*. Hier wie dort kommt es zu Körpergewichtszunahme *ohne jegliche*

Ödembildung, zu außergewöhnlich kleinen Harnmengen mit hohem spezifischen Gewicht und niedrigem NaCl-Gehalt. Veil berichtet auch von niedrig befundenem Stickstoffgehalt; wir haben es leider verabsäumt, diesen in unseren Fällen zu bestimmen, bemerken jedoch, daß die N-Elimination im Harn der präparoxysmalen Periode, wie schon seit langem bekannt ist (Krainsky, Kauffmann, Rohde, Allers u. a.), sehr herabgesetzt ist. In Veils primärer Oligurie sind die Störungen dauernd oder zumindest durch lange Zeit bestehend, sowie weitaus stärker ausgeprägt (in einem Falle Veils 19 kg Gewichtszunahme in 17 Tagen). Aber das ist eine Erfahrung, die man bei den meisten Stoffwechselstörungen der Epileptiker machen kann: 1. der mehr oder weniger ephemere Charakter; 2. niemals die exzessiven Grade analoger Befunde bei organischen schweren Krankheiten (z. B. Reststickstoff im Blute).

Was nun die nervöse Regulation des Wasser- und Salzstoffwechsels betrifft, so ist es heute feststehend, daß es eine zentrale Steuerung desselben gibt. Schon Claude Bernard hat anläßlich seiner Piqure-Studien eine Polyurie ohne Glykosurie beobachten können Brugsch, Dresel und Lewy vermochten den Ort in der Medulla oblongata, von welchem aus Polyurie und Hyperchlorurie erzeugt werden kann, in der *Formatio reticularis* zu lokalisieren. Nach Eckhard wird Hydrurie auch durch Verletzung des *Corpus mammillare* erzeugt, in welchem also ein übergeordnetes Zentrum des Zwischenhirns anzunehmen ist.

Leschke und Veil haben nachgewiesen, daß Verletzung der vegetativen Zentren Wasser- und Salzverschiebung zwischen Blut und Gewebe hervorruft. Der Stich an der Zwischenhirnbasis des Kaninchens führt zu vermehrtem Kochsalzgehalt des Blutes, der Stich in den vierten Ventrikel zur Hypochlorämie. Jungmann und E. Meyer haben als erste bei Verletzung in der Medulla oblongata eine reine Kochsalzdiurese beobachtet, Camus und Roussy konnten nach Einstich in den Hypothalamus auch Polyurie feststellen. Nun muß man allerdings berücksichtigen, daß es sich bei allen diesen durch Verletzungen erzeugten Beeinflussungen nicht stets um Wirkungen auf ein Zentrum selbst handeln muß, sondern, wie Spiegel nachweist, vielfach um Verletzung vasomotorischer Bahnen. Dies gilt insbesondere für die Reizung der Substantia reticularis, sowie des Funiculus teres. Was das Zwischenhirn betrifft, so ist nach Spiegel am ehesten die Bedeutung des Tuberculum cinereum für die Wärmeregulation und der Karplus-Kreidlschen Stelle (Corpus Luysi) als Zentrum der glatten Muskulatur der Orbita und der Harnblase sichergestellt. Ob es sich aber bei den experimentellen Wirkungen auf den Stoffwechsel um Zentren in anatomischem Sinne handelt, ist noch nicht erwiesen.

Sehr bedeutungsvoll sind jedenfalls die Versuche von Molitor und Pick, in welchen die Autoren einen Beweis für die Existenz eines in der Nähe der übrigen vegetativen Zentren liegenden „Wasserzentrums" sehen, welches unter dem dämpfenden Einflusse der Großhirnrinde steht. Seine Hauptfunktion ist die Aufrechterhaltung eines bestimmten Wassergehaltes in Blut und Gewebe.

Wenn auch anatomisch noch nicht umschrieben, so ist physiologisch an Stoffwechsel beeinflussenden nervösen Zentralorganen nicht zu zweifeln. Dagegen kommt ihnen gewiß keine übergeordnete Bedeutung im Sinne eines kortikalen Zentrums zu. Wir sehen in der Niereninnervation selbst eine Analogie. Auch die Niere ist sympathisch und parasympathisch beeinflußt. Aber das entnervte

Organ funktioniert ungestört weiter, höchstens daß die feinste regulatorische Anpassung gelitten hat. In erster Linie steht also die Autonomie des Organs selbst. Dabei ist die Niere auf den sogenannten Schwellenwert jedes einzelnen Bestandteiles eingestellt und nicht etwa auf die Summe der gelösten Stoffe, welche dem osmotischen Drucke des Blutes entsprechen. Dieser Schwellenwert scheint allerdings nervös beeinflußbar, denn nach Hildebrand sinkt er für Zucker nach Durchschneidung des Vagus. Bei Ausscheidung körpereigener Stoffe ist der Gehalt und der Bedarf der Gewebe (damit auch der Niere selbst) vor allem anderen maßgebend (Toenissen). Nach Leschke regelt sich die Diurese nicht bloß nach der Blutkonzentration, sondern auch nach dem gesamten Wasser- und Molenhaushalt.

Für die merkwürdige Tatsache, warum in unseren Fällen bedeutender Wasserretention (ebenso wie bei Veils primärer Oligurie) keine Spur einer Ödemneigung aufzufinden ist, scheinen uns die von Schade aufgedeckten Gesetze maßgebend zu sein. Schade fand nämlich einen ausgesprochenen Antagonismus hinsichtlich der Wasserbindung zwischen Bindegewebe und Zelle, ebenso wie er zwischen Serum und Blutkörperchen besteht. Wir haben auf Grund dieser Erkenntnis anzunehmen, daß sich in unseren und Veils Fällen die Gewebsquellung unter solchen ursächlichen oder protektiven Verhältnissen vollzieht, welche die Wasserbindung des zellreichen Organprotoplasmas erhöhen, während das Bindegewebe unverändert bleibt oder gar entwässert wird.

Hier zeigt sich auch eine Analogie zur Urämie. Es gibt bekanntlich anhydropische Formen der Urämie, welche nach Veil meist mit einer relativen und absoluten Hypochlorämie einhergehen. Veil vermutet, daß diese Veränderung auf einer Abwanderung des NaCl nach den Geweben auf Grund einer primären Reizung der Gewebe beruht. Die Hypochlorämie geht den eigentlichen urämischen Symptomen parallel und schwankt, wenn sie periodisch schwanken, mit, also ein Syndrom, welches mit unseren am Epileptiker gewonnenen Erfahrungen vollkommen identisch ist.

Auch die Reizung der vegetativen Nerven vermag den Wasser- und Kochsalzstoffwechsel zu beeinflussen. Bornstein und Vogel haben nachgewiesen, daß Pilocarpin, Physostigmin und Cholin Bluteindickung bewirken, indem Wasser in die Gewebe verschoben wird. Ferner ist nach den Untersuchungen von Frey und Mitarbeitern bekannt, daß Adrenalin zu einer Hemmung der NaCl-Ausscheidung führt, die von der Harnmenge und der Ausscheidung harnfähiger Stoffe weitgehend unabhängig ist.

Zusammenfassung.

In der Mehrzahl der Fälle von Epilepsie, besonders jenen, bei welchen die Anfälle eine gewisse Periodizität mit freien Intervallen erkennen lassen, finden sich ausgesprochene Störungen des Wasser- und Kochsalzhaushaltes. Der häufigste Typus ist der einer assoziierten Wasser-Kochsalzretention in der präparoxysmalen Phase. Ein zweiter, seltener zu beobachtender Typus kennzeichnet sich durch eine assoziierte Wasser-Kochsalzeinsparung in der intervallären Zeit, während knapp vor Einsetzen der Anfälle eine relative Wasser-Kochsalzdiurese erfolgt. Andere Fälle wiederum weisen eine bemerkenswerte Dissoziation in der Wasser- und Kochsalzausscheidung auf; ihnen scheint eine sogenannte trockene Gewebsbindung des NaCl (Historetention oder retention sèche der Franzosen) zugrunde zu liegen.

Bei der erstgenannten Gruppe findet sich zumeist Hypochlorämie in der gleichen Periode, bei den anderen ist sie nicht regelmäßig vorhanden, dagegen sind stets starke Schwankungen in den Blutchloridwerten zu konstatieren, die auf lebhafte Austauschvorgänge im Gewebe und zwischen diesem und dem Blute schließen lassen.

Die Ursache dieser Störung ist komplexer Natur, wie man sich noch aus den folgenden Feststellungen überzeugen kann. Wenn sie auch zentral beeinflußt sein kann, besteht kein Anhaltspunkt dafür, sie als ausschließlich zentral bedingt anzusehen; viele Momente sprechen sogar dagegen. Wir ziehen vor, erst im allgemeinen Schlußworte auf diese Frage einzugehen.

b) Mineralstoffwechsel.

„Der Elektrolyt beeinflußt alle Zustands- und Leistungseigenschaften des Organismus." In diesem Satze Fr. Kraus' ist die außerordentliche Bedeutung der Elektrolyte für den normalen Ablauf der Lebensfunktionen gekennzeichnet. Wir haben schon in einem früheren Kapitel des Grundgesetzes Erwähnung getan, welches die Funktion der Elektrolyte beherrscht und welches besagt, daß Sympathicusreiz und Ca-Konzentration, Vagusreiz mit K-Konzentration identisch ist unter Voraussetzung der normalen Elektrolytkonstitution im Gewebe des Erfolgsorganes. Fehlt einer der Elektrolyte, so spricht auch der Antagonist nicht an, tritt eine Verschiebung des Elektrolytverhältnisses auf, so kann unter Umständen der nervöse Reizeffekt eine Umkehrung seiner normalen Wirkung zeigen (Zondek, Wollheim u. a.). Diese Tatsache haben schon Kolm und Pick in ihren Versuchen am Herzen bewiesen: Mangel an freien Ca-Ionen in der Nährflüssigkeit setzt die Ansprechbarkeit des sympathischen Nervensystems herab und steigert die vagotonische. In solchen Herzen wirkt Adrenalin negativ inotrop und erzeugt *diastolischen* Stillstand, der durch *Atropin* aufgehoben werden kann. Nach Vorbehandlung des Herzens mit $CaCl_2$ ruft Adrenalin eine mächtige Ventrikelcontractur hervor, während die Vorhöfe weiterschlagen. Im gleichen Sinne sprechen die Versuche von Fr. Kraus, der beim Warmblüter nach Vorbehandlung mit Ca fand, daß die elektrische Vagusreizung nicht wie sonst zur Lähmung, sondern zur Erregung führt. Diese Umkehr hat Zondek beim Frosch mit Muscarin gleichfalls erzielen können.

Aus diesen Versuchen geht die durch die jeweilige Elektrolytkonstellation gesteuerte amphotrope Wirkung der vegetativen Reizgifte hervor. Wir haben oben schon darauf hingewiesen, daß es deshalb zur bekannten Erscheinung des dissoziierten Reizeffektes der vegetativen Nerven kommen muß, weil im Organismus nicht ubiquitär die gleiche Elektrolytrelation besteht (s. a. Kraus, Wollheim, Zondek u. a.).

Für unsere späteren Erörterungen sind Versuche von Bedeutung, in deren Darstellung wir Leiter folgen: Eine teilweise Ausschaltung des Vagus hat eine Vermehrung des Calciums im Serum auf eine *bestimmte* Zeit zur Folge. Bei teilweiser Ausschaltung des Sympathicus kommt es zu beträchtlicher Verminderung des Calciumgehaltes. Aus kombinierten Ausschaltungsversuchen beider Antagonisten in wechselnder Reihenfolge geht hervor, daß der Kalkgehalt des Blutes mit der Funktion des Sympathicus und *nicht* des Vagus in Beziehung steht. Wenn sich nach der Ausschaltung des Vagus die zunächst erfolgende Kalkerhöhung im Blute nach einiger Zeit ausgleicht, so ist doch dauernd die sonst herrschende

Konstanz des Ca-Spiegels verloren gegangen, er ist sehr *labil* geworden und zeigt Schwankungen nach beiden Seiten (Versuche von Wollheim, Alpern, Billig-heimer u. a.). Kalium zeigt keine derartige Gesetzmäßigkeit. Oft begleitet es die Bewegung des Calciums, aber keineswegs in strenger Proportion.

Wir erwähnten bisher nur Ca und K, weil beide annährend gleich stark wirken, während Natrium, dessen Wirkungsrichtung gleich der des Kaliums ist, eine viel geringere Valenz besitzt; Zondek führt die Intensität der Elektrolytwirkung auf den Bau der Atome zurück, da sie mit deren Atomgewicht bzw. der Ordnungszahl der Atome zunimmt, während der Wirkungs*charakter* eine Funktion der elektrischen Ladung des Ions zu sein scheint.

Für unser Problem ist ferner wichtig, zu erinnern, daß nach Nernst bekannt-lich die elektrische Reizwirkung in Konzentrationsänderungen der Elektrolyte veranlaßt ist. In diesem Sinne ist die Bedeutung der Versuche von Chiari und Fröhlich zu verstehen, die fanden, daß die Kalkausfällung steigernd auf die Er-regbarkeit von Muskel und Nerv wirkt. Zondek konnte auch tatsächlich durch intravenöse Zufuhr von Kalksalzen die indirekte elektrische Erregbarkeit des Muskels herabsetzen. Desgleichen findet Nothmann, daß die Injektion von konzentrierter Calciumlösung eine starke Herabsetzung der elektrischen Erreg-barkeit hervorruft. Sie umfaßt alle Glieder der Zuckungskurve *mit Bevorzugung der A. Oe. Z.*, beginnt wenige Minuten nach der Injektion, ist nach 20 Minuten am stärksten und scheint einige Stunden anzudauern.

Auch für die Wasserbewegung ist die Elektrolytkonstellation von Bedeutung. Nach Kraus und Zondek verhalten sich K und Ca hierbei meist antagonistisch. Das eine Ion führt der Zelle Wasser zu und macht sie aufnahmsfähiger, das andere umgekehrt. Nach den genannten Autoren läßt sich aber nicht feststellen, welches der beiden Ionen die eine oder die andere Leistung vollbringt, da sich die einzelnen Gewebe verschieden verhalten. Jedenfalls ist die diuretische Wirkung von $CaCl_2$ lange bekannt. Nach Straub ist die vermehrte Diurese nach Calcium aus der entquellenden Wirkung dieses Erdalkalis auf die Eiweißkolloide zu erklären. Daniel und Högler schreiben die gleiche Wirkung auch dem KCl zu.

Der Antagonismus der Ka- und Ca-Gruppe zeigt sich nach Kraus auch in ihrer Wirkung auf das Säure-Basengleichgewicht. Kraus und Zondek haben gefunden, daß K-Ionenkonzentration eine Abspaltung von OH-Ionen aus den Kolloidelektrolyten, Ca-Ionenkonzentration eine solche von H-Ionen bewirkt. Deshalb nennt Kraus die Calciumtherapie, ebenso wie Straub, eine Säurethera-pie. Diese unseres Erachtens nicht sehr glückliche Bezeichnung hat mißverständ-licherweise zu falschen Schlüssen Anlaß gegeben, indem man die zweifellos thera-peutische Wirkung des Ca bei der Epilepsie als ein Argument für das Bestehen einer Alkalose ins Treffen führte (Bigwood, Volmer u. a.). Bei einiger Über-legung ergibt sich aber geradezu, daß die Calciumwirkung das Gegenteil beweist. Durch Abdissoziation von H-Ionen aus der Zelle in das pericelluläre Flüssigkeits-milieu wird dieses tatsächlich einen erhöhten Säuregrad erhalten.

Was geschieht aber in der Zelle? Durch Abdissoziation von H-Ionen wird ein Übergewicht der OH-Ionen geschaffen, beziehungsweise, falls vorher ein Übergewicht der H-Ionen bestanden hat, ein normales Verhältnis zustande ge-bracht. Letzten Endes kommt es aber auf die *intracellulären* Verhältnisse an, denn diese sind für den Funktionscharakter der Zelle maßgebend. Man dürfte daher mit mehr Fug und Recht die *alkalisierende* Wirkung des Calciums auf das intracelluläre Säure-Basenverhältnis hervorheben.

Schließlich müssen wir der wichtigen Wechselbeziehungen zwischen Elektrolyt- und Hormonsystem gedenken. Zunächst sei erwähnt, daß es nach Fɛlta, Bolaffio und Tedesco unter dem Einflusse von Thyreoidin zu einem bedeutenden Kalkverlust mit den Fäces kommt, wobei auch ein großer Teil des Phosphors mitgerissen wird. Leicher konnte bei fünf unter sechs gesunden Erwachsenen nach 3—4 wöchiger Thyreoidinbehandlung ein Sinken des Blutkalkspiegels beobachten. Gleiches Verhalten ließ sich in drei Fällen von Morbus Basedowii nachweisen, während das Myxödem mit einer Erhöhung des Blutkalkes einhergeht. Nach Leiter bewirkt der Funktionsausfall der Schilddrüse eine Erhöhung des Blutkalkes. Dagegen fanden Herzfeld und Neuburger in $^2/_3$ ihrer Fälle von Hyperthyreoidismus abweichende Kalkwerte, aber nicht eindeutig, sondern bald Erhöhung, bald Erniedrigung.

Leicher findet ebenso wie Billigheimer nach Adrenalin ein Sinken des Blutkalkes, während Mayer keine Veränderungen beobachtete.

Während nach L. Adler die Kastration nach 6 Wochen eine Verminderung des Blutkalkes zur Folge hatte (zwei Fälle), konnte Leicher keine gesetzmäßige Einwirkung der Ovarien auf den Calciumspiegel feststellen.

Sind die Befunde bei den genannten Drüsen vielfach kontrovers, so steht die wichtige und eindeutige Rolle der *Epithelkörperchen* und des *Pankreas* fest. Bei Funktionsausfall der Ersteren (übrigens auch bei einem solchen des Thymus) kommt es zur Hypocalcämie (siehe auch Leiter).

Für die innere Regulierung der Elektrolyte schreibt Arnoldi dem Pankreas und der Leber eine große Rolle zu. Ehrmann und Frank fanden, daß die Pankreaslymphe die Elektrolyte in anderen Mengen als die Ductuslymphe enthält.

Aber auch umgekehrt wird die Hormonwirkung durch die Elektrolyte reguliert. Zondek und Reiter fanden in ihren Versuchen, daß die Ablenkung, welche die Metamorphose der Froschlarve durch Thyroxin bzw. durch Thymus erfährt, mittels entsprechender Mengen von Calcium-Ionen aufgehoben, von Kalium-Ionen verstärkt wird. Die Autoren stellen die Frage, auf welche wir übrigens in einem späteren Abschnitt zurückkommen, ob die Störung der Hormonwirkung nicht auch gelegentlich durch Änderung der peripheren Elektrolytverteilung veranlaßt sein könnte. Sie erinnern hierbei an regionär begrenzte Stigmen endokriner Anomalien (partielle Fettsucht, Teilakromegalie usw.). Es kann daher ein und dasselbe Hormonprodukt je nach der physikalisch-chemischen Einstellung des Erfolgsorgans zu entgegengesetzten klinischen Erscheinungen führen.

Wenden wir uns nun den Beziehungen des Elektrolytstoffwechsels zur Epilepsie zu, so sei daran erinnert, daß wir in der oben erwähnten Studie bereits auf ihre außerordentliche pathogenetische Bedeutung für die Reizempfindlichkeit im allgemeinen, für die „konvulsive Toleranz" der Nervenzellen im speziellen Falle des Krampfmechanismus hingewiesen haben. Wir haben dort zusammenfassend festgestellt, daß *relativer* Reichtum an Calcium und Magnesium die konvulsive Toleranz erhöht, der *relative* Reichtum an Kalium und Natrium sie erniedrigt. Wir haben aber auch dort noch in Unkenntnis der späteren grundlegenden Arbeiten der Krausschen Schule, die wechselseitige Abhängigkeit der Elektrolyte vom Säure-Basenhaushalt, den Eiweißkörpern, dem hormonalen

Gleichgewicht, kurzum allen jenen Faktoren betont, die Kraus im vegetativen System zusammengefaßt hat.

Hinsichtlich der experimentellen Ergebnisse, die die Bedeutung des Kalkstoffwechsels für die Erregbarkeit des Nervensystems festgestellt haben (MacCallum und Voegtlin, Falta und Kahn, Erdheim, Falta und Rudinger, J. Löb, Quest, Aschenheim, Sabbattani und Regoli, Roncoroni u. a.) sei auf die genannte Arbeit verwiesen.

Was den Blutkalk der Epileptiker betrifft, so hat Jansen seinerzeit in fünf Fällen eine Erniedrigung feststellen können, welcher Befund später von Denis und Talbot bestätigt wurde. Frisch und Weinberger haben zum ersten Male bei periodischen Epileptikern mittels serialer Bestimmungen einen beträchtlichen Anstieg des Calciumspiegels im Blute in der präparoxysmalen Phase nachweisen können.

Glaser fand gleichfalls Erhöhung bei Neuropathen und Hysterischen in den Perioden der Erregung und vermochte in interessanten Hypnoseversuchen die Schwankungen des Blutkalks durch erregende bzw. beruhigende Suggestionen zu erzeugen.

Wir haben diese Verhältnisse dauernd bei unseren Kranken verfolgt. Die serialen Untersuchungen ergaben eine excessive *Labilität* des Kalkspiegels, welche wir in einigen wenigen Beispielen demonstrieren wollen, die durchwegs als typische Repräsentanten aller unserer Befunde gelten können.

Der Normalkalkgehalt unserer gesunden Kontrollen im Gesamtblut nach de Waard bestimmt, bewegt sich zwischen 6,3 und 7 mg/% Ca.

R. Magdalene.

        15. II. 1926.   Intervall Ca (nach de Waard im Ges. Blut) 4,8 mg/%
        19. II. 1926.   „   „ . . . . 5,2 „   „
        3. III. 1926.   Serie v. 10 Anf. Ca . . . . 9,4 „   „

                25. XI. 1925.   Ca 5,6 mg/%
                26. XI. 1925.   „ 11,1 „   „ (!)
                27. XI. 1925.   Anfall.

P. Marie.

                18. XI. 1925.   Ca 6,4
                20. XI. 1925.   „ 6,9
                21. XI. 1925.   „ 8,2
                23. XI. 1825.   „ 9,8
                24. XI. 1925.   früh $4^1/_2$ Uhr Anfall,
                        $9^1/_2$ Uhr Ca 7,0.

D. Marie.

                2. VI. 1926.   Ca 3,3! mg/%
                4. VI. 1926.   „ 6,4 „   „
                5. VI. 1926.   2 Anfälle.

Wir sehen also vor allem Schwankungen des Blutkalkgehaltes von weit über 100%, sehen ferner häufig den intervallären Wert tief unter der Norm, während präparoxysmal oft über die obere Grenze hinausgehender Anstieg des Kalkniveaus zu beobachten ist. Schwankungen sind bei allen Untersuchten anzutreffen, bei vielen bleiben sie aber in den Grenzen der normalen Amplitude. Jedenfalls gilt die von Jansen, Leicher u. a. bei Gesunden festgestellte Konstanz der Kalkwerte für die Epileptiker, wie überhaupt für die vegetativ Stigmatisierten nicht, wie die

Befunde Jansens, Leichers, Herzfelds und Lobowskis, Billigheimers, Glasers u. a. beweisen.

Die Frage, ob die präparoxysmale Hypercalcämie für die beschleunigte Blutgerinnung, welche in dieser Zeit stets gefunden wird, verantwortlich zu machen ist, ist noch offen, der Zusammenhang ist jedenfalls höchst wahrscheinlich (siehe auch neuerdings Choroschko).

Wir erwähnen schließlich noch, daß Consoli die Ca-Werte auch bei Eklamptischen stark erhöht fand. Es ist übrigens gewiß auch von Bedeutung, daß nach Kylin und Silfversvaert, ebenso wie nach Heilig Calciumerhöhung während der *Menses* zu beobachten ist.

Auch im Kaliumgehalt des Blutes haben wir Schwankungen nachweisen können, die jedoch keineswegs eine nach der Theorie etwa zu erwartende Beziehung zu der Calciumbewegung erkennen ließen. Es kann keine Frage sein, daß die Austauschbewegung des Kaliums und Calciums zwischen Blut und Geweben ganz gesonderten und voneinander unabhängigen Impulsen folgt, unbeschadet des feststehenden Antagonismus zwischen den beiden Elektrolyten hinsichtlich ihrer Funktion. Es ist dies nur ein Beweis für die von Kraus wiederholt betonte Tatsache, daß der Nachweis eines veränderten Blutgehaltes lediglich eine Störung im Gewebsstoffwechsel dieses Elementes anzeigt; diese Störung braucht deshalb nicht ubiquitär zu sein, wie sie ja auch überhaupt nicht obligat im Blute in Erscheinung treten muß. Deshalb ist Kraus durchaus beizupflichten, worauf ich schon in der Diskussion zu den Epilepsiereferaten in Düsseldorf hingewiesen habe, wenn er sagt: In der Kalkverminderung die Ursache der Tetanie zu erklären, bedeutete ungefähr dasselbe, wie die Reststickstofferhöhung als die Ursache der Nephritis oder die Erhöhung des Blutzuckers als die Ursache des Diabetes anzusehen.

Den gleichen Standpunkt werden wir auch bei der Epilepsie einnehmen müssen. Immerhin ist die häufige, von uns in der kritischen Zeit gefundene Hypercalcämie doch ein in dem Sinne bemerkenswerter Vorgang, als er eine periodische, vorübergehende Kalkabgabe des Organgewebes anzunehmen rechtfertigt. Diese zeitweise Kalkverarmung des Gewebes wird den früheren Erörterungen gemäß das Substrat der Erregbarkeitssteigerung, somit auch der größeren Anfälligkeit abgeben. Auch ist die Tatsache der sprunghaften Blutveränderung im Elektrolytgehalt für das Verständnis der mannigfaltigen, flüchtigen Erscheinungen seitens der vegetativen Nerven verwertbar, ebenso für die noch zu besprechenden Veränderungen einer Reihe von Faktoren, wie Säure-Basengleichgewicht, Gaswechsel, Eiweißstoffwechsel, Blutzucker usw.

Sehr wichtig ist aber noch der Hinweis auf die *entquellende* Kraft des Calciums. Es entspricht in dieser Hinsicht vollkommen die präparoxysmale Quellungszunahme der Organgewebe ihrer simultanen Kalkverdrängung ins Blut, sowie die Umkehrung dieser Vorgänge in der postparoxysmalen Phase. Denn „die Verteilungsänderung der Elektrolyte bewirkt H_2O-Verschiebung und kann so die physikalisch-chemischen und chemischen Vorgänge auslösen, die als Folge vegetativ-nervöser Erregung auftreten" (Wollheim).

Die Beziehungen des Calciums zum Säure-Basenhaushalt leiten uns zu dem folgenden Kapitel über. Im engsten Zusammenhang mit dieser Frage steht das Problem der Ionisierung des Kalkes und seiner angeblich erst damit gewonnenen

Wirksamkeit. Nach Günther und Heubner wird die Bedeutung der aktuellen Ionenkonzentration in der Umgebungsflüssigkeit beim Calcium stark überschätzt. Die Autoren führten in Versuchen an Froschherzen den Nachweis, daß die Giftwirkung des Kaliumüberschusses auch durch Calcium in *nicht*ionisierter Form aufgehoben werden kann. Da uns keine Möglichkeit zur Verfügung steht, den ionisierten Anteil des Calciums direkt zu messen, tragen Erörterungen dieses Problems a priori hypothetischen Charakter. Die Grundlage dieser Erwägung gibt die bekannte Rona-Takahashische Formel ab: $(Ca) = K \dfrac{H}{HCO_3}$. Wie Fried und *ich* schon darauf hingewiesen, bestehen begründete Zweifel, daß diese Formel überhaupt für gepufferte Lösungen zu Recht besteht. Es sei in dieser Hinsicht nur auf die dieser Formel zuwiderlaufenden Erfahrungen einiger einwandfreien Bestimmungsmethoden der p_H-Konzentration im Serum aufmerksam gemacht. Die Ronasche Gleichung drückt bekanntlich die gleichsinnige Bewegung von Säure-und Calciumionenwerten, die gegenläufige von letzteren und Bicarbonatwerten aus. Nun besteht das Prinzip mehrerer Methoden der p_H-Bestimmung darin, daß der Blutkalk ausgefällt wird. Es müßte dieser Eingriff bei Zurechtbestehen der Ronaschen Formel eine Veränderung des Quotienten $\dfrac{H}{HCO_3}$ zur Folge haben und somit den Zweck des Verfahrens geradezu illusorisch machen. Da dies nicht der Fall ist, die Methoden vielmehr (z. B. jene von Hollo und Weiß) eine Genauigkeit von $\pm$ 0,02 gewährleisten, so kann die genannte Gleichung für gepufferte Medien nach Art des Blutplasmas schwerlich Geltung haben (siehe übrigens Hollo: Zur Theorie der Ca-Ionisation). Übrigens fand von Meysenburg in Diffusionsversuchen mit Serum parathyreoidektomierter Hunde, sowie mit Serum rhachitischer Kinder, daß die Menge des ionisierten diffusiblen Calciums gegen die Norm *nicht* verändert war.

Hinsichtlich der chemisch meßbaren Blutcalciumwerte haben Fried und *ich* im Hyperventilationsversuch der Epileptiker, der bekanntlich zu beträchtlicher Alkalose führt, eine Erhöhung des Calciumwertes gefunden, wie dies auch Gollwitzer-Meyer im Blute normaler Überventilierter angibt. Gollwitzer-Meyer sieht in ihren Versuchen keinen Zusammenhang zwischen den Verschiebungen im Mineralgehalt und in der Blutreaktion, aus ihren Tabellen geht sogar hervor, daß bei gleichsinniger Verschiebung der Blutreaktion entgegengesetzte Veränderungen des Ionengleichgewichtes vorkommen können.

Wir wollen noch kurz erwähnen, daß Calciumbehandlung sowohl auf die Adrenalin-, als auch auf die Pilocarpinreaktionsfähigkeit dämpfend wirkt.

Zusammenfassung.

Beträchtliche Schwankungen im Blutgehalte der Elektrolyte sind in der überwiegenden Mehrzahl der Fälle von Epilepsie die Regel. Findet man mitunter im Intervall stark unternormale Blutkalkwerte, so liegen dieselben in der kritischen Zeit weit über der oberen Normalgrenze.

Kaliumwerte weisen gleichfalls starke Schwankungen auf, die jedoch Beziehungen zu den klinischen Erscheinungen ebenso wie zu den Kalkwerten vermissen lassen.

Untersuchungen über Natrium liegen bei Epilepsie noch nicht vor.

Angesichts der außerordentlichen Bedeutung, die dem Elektrolythaushalt im intermediären Stoffwechsel, hinsichtlich der spezifischen Zellfunktion und der

Wirkungsrichtung vegetativ-nervöser Reize zukommt, wird man den lebhaften Schwankungen im Blutgehalte als Ausdruck stürmischer Stoffbewegungen im Gewebe eine wichtige Rolle in der Pathogenese der Epilepsie einräumen müssen.

Die Analyse dieser Bewegung soll im Schlußworte im Zusammenhang mit den anderen Störungen vorgenommen werden.

c) Der Säure-Basenhaushalt.

Bevor wir die Verhältnisse des Säure-Basenhaushaltes beim Epileptiker erörtern, muß hervorgehoben werden, daß sich durch Umbenennung einiger Begriffe eine arge Verwirrung eingestellt hat, die auch in die Epilepsieliteratur Eingang gefunden hat. Hinsichtlich des gegenwärtigen Standes unserer Kenntnisse und zum Verständnis der jetzt üblichen Terminologie sei auf die vorzügliche Darstellung dieses Gegenstandes im Referate von H. Elias verwiesen. Während nun die älteren Arbeiten den Terminus „Azidose" (im Sinne Naunyns) als den Ausdruck einer Verminderung der titrimetrisch feststellbaren Alkalireserve des gepufferten Blutes verstanden, wird jetzt damit die Erhöhung der H-Ionenkonzentration bezeichnet. Das sind natürlich gänzlich differente Begriffe, deren Charakter sich am besten kennzeichnet, wenn man die Alkalireserve als potentielle und die H-Ionenkonzentration als aktuelle Reaktion gegenüberstellt. Der Vorschlag Elias', zur Vermeidung dieser unheilvollen Verwechslung die Ausdrücke „Azidose "und „Alkalose" fallen zu lassen und bezüglich der H-Ionenkonzentration von Normacidämie bzw. Acidämie und Alkalämie zu sprechen, hat sich leider nicht durchgesetzt, so daß heute die Verschiebung der aktuellen Blutreaktion als Azidose bzw. Alkalose verstanden wird.

Was nun die *Alkalireserve* betrifft, so hat schon Pugh im Jahre 1903 eine Herabsetzung derselben beim Epileptiker gegenüber Gesunden gefunden, ihr Sinken besonders *vor* Anfällen beobachten können. Zu gleichem Resultat gelangte Tolone, ferner wurden diese Angaben von Lui sowie von Charon und Briche bestätigt. Zimmermann fand in 1000 ccm Blut bei Gesunden 4,5 mg, bei Epileptikern 3 mg titrierbares Alkali und betont besonders ein *dem Normalen nicht zukommendes Schwanken der Werte.* Frisch und Walter vermochten mit der Bangschen Mikromethode, die sich zwar bezüglich der genauen Wertbestimmung des diffusiblen Alkalis als unzulänglich erwiesen hat, dennoch ein Ansteigen des diffusiblen Alkalis bei gleichzeitigem Sinken der Gesamtalkaleszenz festzustellen, was sich nur durch das Auftreten einer *nicht* oder *nur teilweise titrierbaren* Säure deuten läßt. Diese Befunde wurden vorzugsweise in der präparoxysmalen Periode erhoben. Frisch und Walter schreiben dem Auftreten endogen entstandener Säuren eine große Bedeutung für die Pathogenese der Epilepsie und für zahlreiche Erscheinungen im übrigen Stoffwechsel der Epileptiker zu. Insbesondere verweisen sie auf die von Bechhold, Fischer u. a. betonte erhöhte Quellbarkeit des Gewebes infolge von Säurebildung. Nach Kraus und Zondek wird die Energie zur Quellung aus der Oxydation der im Chemismus entstehenden Säuren gewonnen.

Es kann ferner keinem Zweifel unterliegen, daß solche intermediär auftretenden Säuren die Erregbarkeit der Nervenzelle, also ihre *Reizempfindlichkeit*, erhöhen. Brailsford Robertson (zitiert nach Elias) stellte fest, daß die Vorgänge, welche im wesentlichen der Funktion der Nervenzelle zugrunde liegen, durch

Säure beschleunigt werden. An dieser Tatsache kann nach den bekannten Experimenten von Elias nicht mehr gezweifelt werden. Sie würde auch dann nicht entkräftet, wenn sich die Behauptung einiger Autoren bestätigen sollte, daß auch mit Alkali eine Übererregbarkeit erzeugt werden kann. Nach Ockel wird die elektrische und mechanische Übererregbarkeit sowohl bei azidotischer, als auch bei alkalotischer Stoffwechselrichtung beobachtet, woraus der Autor allerdings den nicht genügend begründeten Schluß zieht, daß keiner von beiden eine wesentliche Rolle auf die Erregbarkeit zukomme.

Frisch und Weinberger verweisen auch auf den durch die Säuerung entstehenden Ca-Verlust (Elias) der Gewebe, der sich beim Epileptiker in einer präparoxysmalen Kalkzunahme im Blut kenntlich macht, wobei sie an die Erhöhung des Blutkalkes bis zu 100% des Normalen bei experimenteller Säurevergiftung erinnern (Allers und Bondi).

Was nun die *aktuelle Blutreaktion* betrifft, so hat sie Schultz beim Epileptiker normal befunden. Erst Jarlov im Verein mit Bisgaard und Noervig hat behauptet, daß eine *Alkalose*, also eine Verminderung der H-Ionenkonzentration, im präparoxysmalen Stadium anzutreffen sei, welchen Standpunkt besonders Bigwood auf Grund einer größeren Untersuchungsreihe vertritt und den Anfall bei der sogenannten genuinen Epilepsie geradezu an einen alkalischen p_H-Wert gebunden erachtet. Auch von Georgi wurde, insbesondere auf Grund der Erfahrungen bei der Hyperventilation, eine Alkalose als maßgebender Faktor angenommen. Desgleichen von Volmer, der aus dem Verhalten der Harnacidität zu dem gleichen Schlusse gelangt.

Nun muß ja a priori zwischen diesen Anschauungen kein Widerspruch bestehen. Es könnte tatsächlich eine alkalotische aktuelle Reaktion mit einer Hypokapnie gekoppelt sein, wie dies z. B. durch eine energisch durchgeführte Hyperventilation hervorgerufen wird (siehe Elias). Die Unwahrscheinlichkeit einer solchen, für den Organismus keineswegs gleichgültigen Verschiebung der aktuellen Reaktion liegt aber darin, daß bei den organgesunden Epileptikern ein von so exakt funktionierenden Regulatoren geschützter Faktor plötzlich derartige Veränderungen erleiden sollte, wie man sie nur in terminalen Zuständen de facto beobachten kann. In dieser Hinsicht sei auf die Versuche Haggards und Hendersons verwiesen, welche bei intravenöser Darreichung sehr großer, eben noch mit dem Leben vereinbarender Alkali- und Säuredosen eine ganz geringe Verschiebung der H-Ionenkonzentration nach der betreffenden Seite erreichten (zitiert nach Grafe). Fried und ich haben daher diese Frage in einer großen Reihenuntersuchung überprüft und konnten feststellen, daß die aktuelle Blutreaktion in keiner Beziehung zu den epileptischen Manifestationen steht, daß ferner auch bei der Hyperventilation die Alkalose *nicht* das epileptogen wirksame Prinzip sein kann. Wir kamen zu dem Schlusse, daß „*eine solche Störung des Säure-Basengleichgewichts, welche sich in einer Verschiebung der aktuellen Blutreaktion kundgibt, bei der Epilepsie nicht besteht*". Es ist daher eine vollkommen irreführende und entstellende Behauptung, wenn Georgi in seinem Referate erklärt, „Frisch und Fried sprechen dem Säure-Basengleichgewicht jegliche Bedeutung für die Entstehung aller epileptischen Anfälle ab". Der zitierte Schlußsatz unserer Arbeit läßt wohl keinen Zweifel übrig, daß wir lediglich der Annahme einer Verschiebung der aktuellen Blutreaktion als pathogenetischen Faktors entgegentreten. Wir halten vielmehr nach wie vor an unserem seinerzeit vertretenen Standpunkt fest, daß präparoxysmal eine Säuerung des Organismus anzunehmen ist. Dieser Standpunkt hat nun auch seither in den Untersuchungen von de Crinis seine Bestätigung erfahren. De Crinis hat serial das CO_2-Bindungsvermögen der Epileptiker bestimmt und gelangt zu dem Ergebnis, daß die Werte vor dem Anfalle beträchtlich unter der Norm liegen und nach dem Anfalle etwas ansteigen. Dies besagt, daß endogen entstandene Säuren Alkali gebunden haben, so daß zur Absättigung der Kohlensäure weniger Alkali zur Verfügung steht, als es der Norm entspricht.

Abgesehen von den älteren titrimetrisch gewonnenen Befunden einer Hypokapnie und der beweiskräftigen Feststellung eines verminderten CO_2-Bindungsvermögens durch de Crinis, welche einen höheren Säuregehalt der Körpersäfte des Epileptikers, besonders in der kritischen Zeit, vindizieren, wäre noch eine ganze Reihe klinischer Tatsachen anzuführen, die in gleichem Sinne zu deuten ist. So weist Straub darauf hin, daß sich im Blute am meisten Bicarbonat um die Zeit des kürzesten, am wenigsten um die Zeit des längsten Tages findet. Die Koinzidenz dieses Umstandes mit dem bekannten, von den meisten Autoren festgestellten Frühjahrsgipfel der epileptischen Anfallsfrequenz spricht wohl im Sinne pathogenetischer Zusammenhänge. Dieselbe Deutung fordert die größere Anfallsbereitschaft des Kindesalters, von dem schon seit Peiper bekannt ist, daß es einen niedrigeren Alkaleszenzgrad aufweist als das Blut Erwachsener, und daß das jugendliche Alter nach Langstein und Mayer eine größere Disposition zur Acetonurie besitzt als das reife Alter. Dasselbe gilt von der Gravidität (Porges, Nowak und Leimdörfer). Hier sei auch die neuerdings von Bockelmann und Rother betonte Tatsache eines höheren Acidititätsgrades bei Graviditätstoxikosen, insbesondere der mit Konvulsionen einhergehenden Eklampsien, verwiesen. Das Vorwiegen nocturner Anfälle im Beginne des Leidens, die höhere Anfälligkeit diabetischer Epileptiker in Zeiten acctonämischer Perioden (Volland u. a.) weisen gleichfalls auf den Säurefaktor hin. Manche Fälle diabetischer Epileptiker scheinen Juarros mehr Beziehung zur Hypokapnie als zum Zucker zu haben.

Die sehr interessanten und bemerkenswerten Experimente Jacobis gestatten vom Gesichtspunkte unserer im Vorgehenden erörterten Anschauung eine Analyse, die durchaus im Sinne des oben besprochenen Ergebnisses der Untersuchungen von Frisch und Fried spricht, daß nicht die Verschiebung der aktuellen Reaktion der maßgebende Faktor ist, sondern vielmehr die von uns, de Crinis und den übrigen genannten Autoren betonte Verminderung der Alkalireserve (Hypokapnie). Jacobi fand zunächst, daß nach *länger dauernder* Hyperventilation sich die Anfälle häufig bei verminderter Reizstromstärke auslösen ließen. Sehen wir von den früher besprochenen Wirkungen der Hyperventilation auf den Mineralstoffwechsel ab, die gleichfalls geeignet wären, die Erhöhung der Erregbarkeit hervorzurufen, und berücksichtigen wir lediglich ihre Wirkung auf den Säurebasenhaushalt, so ergibt sich folgender Zustand: Die CO_2-Spannung wird stark herabgesetzt, daraus resultiert eine herabgesetzte H-Ionenkonzentration, aber auch die Alkalireserve wird stark erniedrigt (siehe Elias, Frisch und Fried). Wir haben also in diesem Zustand nebst einer alkalotischen Verschiebung der Wasserstoffzahl eine *Hypokapnie* vor uns, somit eine dekompensierte Alkalose.

Ein weiterer Befund Jacobis besagt, daß bei *asphyktischer Hyperkapnie* im allgemeinen eine erhöhte Reizstromstärke notwendig war. Wir erfahren aber von Jacobi, daß hierbei eine Phase durchschritten wird, in welcher die elektrische Erregbarkeit der Großhirnrinde vorübergehend anstieg.

Vergegenwärtigen wir uns die Vorgänge beim Asphyxieversuch Jacobis, so verlaufen sie in der Art, daß alsbald nach Beginn die CO_2-Spannung erhöht, die H-Ionenkonzentration somit gleichfalls erhöht, aber die Alkalireserve noch normal ist, d. h. das Versuchstier befindet sich im Zustand einer echten, aber noch einigermaßen kompensierten Azidose. Im weiteren Verlauf ändert sich lediglich das Verhalten der Alkalireserve, sie wird erhöht, es tritt die Hyperkapnie ein und mit ihr erst die verringerte Reizempfindlichkeit. Wir können also schließen, daß für die Änderungen im Erregbarkeitsgrade beim Asphyxieversuch lediglich die Relation der *verschiedenen* Phasen der Alkalireserve zu der stets erhöhten Wasserstoffzahl verantwortlich zu machen ist.

Im Zusammenhalte aller beim Spontananfall gewonnenen Tatsachen mit den experimentellen Erfahrungen Jacobis — soweit solche überhaupt Analogie mit der menschlichen Pathogenese bieten —, sehen wir auch in den Ergebnissen Jacobis eine Bestätigung der pathogenetischen Wertigkeit der herabgesetzten Alkalireserve für die epileptischen Manifestationen, während den Veränderungen der aktuellen Blutreaktion im Experiment keine Bedeutung zuzukommen scheint. Im Spontananfall ist letztere überhaupt nicht anzutreffen.

Schließlich ist der von Bisgaard und Mitarbeitern beim Epileptiker festgestellten „Dysregulation" der Hasselbalchschen reduzierten Ammoniakzahl zu gedenken, welche gleichfalls die schwere Störung der Säureneutralisation im epileptischen Organismus anzeigt, sich aber keineswegs auf die Epileptiker beschränkt, sondern vielfach bei Psychopathen und „vegetativ Stigmatisierten" anzutreffen ist, welcher Umstand ganz im Sinne unseres theoretischen Standpunktes zu deuten ist. Diese Schwankungen des NH_3-Wertes erfolgen beim Epileptiker plötzlich und unregelmäßig nach beiden Seiten vom Normalwert, so daß sie sich in keine hyperbolische Kurve, wie es sonst der Fall ist, einfügen lassen.

Die Dysregulation steht nach Bisgaard und Hendrikson mit einer Insuffizienz der Epithelkörperchen im Zusammenhang. Der Epithelkörperchenextrakt hat nach diesen Autoren eine *orthoregulatorische* Wirkung bei Epilepsie (wie auch bei postoperativer Tetanie). In solchen dysregulierten Fällen findet man eine identische negative und paradoxe Beaktion bei der Einführung von Säuren in den Körper. Man kann geradezu die Regulationsfähigkeit des Organismus sowie die Kapazität der Epithelkörperchen durch Anwendung von Säuren prüfen.

Zusammenfassung.

Eine Störung im Säure-Basenhaushalt ist bei Epilepsie sichergestellt. Sie besteht in einer präparoxysmal akzentuierten Hypokapnie. Bewirkt wird sie durch im intermediären Stoffwechsel entstandene Säuren, welche die CO_2 aus der Alkaliverbindung austreiben. Sie manifestiert sich durch Herabsetzung des CO_2-Bindungsvermögens (de Crinis), durch Verminderung der titrimetrisch feststellbaren Alkalireserve (Pugh u. a.), durch Ansteigen des diffusiblen Alkalis bei gleichzeitigem Sinken der Gesamtalkaleszenz (Frisch und Walter), endlich durch die Dysregulation der NH_3-Zahl (Bisgaard).

3*

Hinsichtlich ihrer pathogenetischen Bedeutung siehe das Schlußwort.

Dank der ungestörten Tätigkeit des Regulationsapparates weisen die fast durchwegs organgesunden Epileptiker keine Verschiebung der aktuellen Reaktion auf. Auch für die mittels der O. Foersterschen Hyperventilation veranlaßte Steigerung der Anfallsbereitschaft ist die durch jene hervorgerufene Verschiebung der aktuellen Reaktion nach der alkalischen Seite nicht verantwortlich (Frisch und Fried). Die Experimentaluntersuchungen Jacobis gestatten gleichfalls eine gleichsinnige Deutung.

d) Der respiratorische Gaswechsel.

Angesichts der mannigfaltigen vegetativen Störungen des epileptischen Organismus ist es naheliegend, den Grundumsatz dieser Kranken zu bestimmen. Diese Untersuchung darf sich aber nicht auf die übliche Methode einer einmaligen Feststellung des respiratorischen Gaswechsels beschränken, sondern muß in Berücksichtigung der Grundeigentümlichkeit des epileptischen Stoffwechsels, der Labilität, serial und tunlichst lange durchgeführt werden.

Hinsichtlich der Literatur dieses Gegenstandes, der Methodik, sowie der detaillierten und tabellarisch verzeichneten Ergebnisse verweise ich auf meine Arbeit „Der respiratorische Gaswechsel der Epileptiker".

Hier will ich mich ausschließlich mit meinen Resultaten und jenen anderer Autoren vom leitenden Grundgedanken dieser Studie aus befassen.

Von den Ergebnissen haben wir nun in erster Linie anzuführen, daß die eben erwähnte Labilität sich bei unseren Bestimmungen in ganz außerordentlichem Maße kundgegeben hat. Es ergaben sich Schwankungen an den verschiedenen Untersuchungstagen bis zu 40%. Berechnet man die Durchschnittswerte der gesamten Befunde des einzelnen Kranken, so erweisen sich diese in der Mehrzahl gar nicht weit von den normalen Grenzwerten abliegend. Eine auffallende, charakteristische Beziehung besonders pathologischer Ausschläge zu den Anfallszeiten ließ sich nicht feststellen. Es geht daraus hervor, daß die bei allen Gesunden und den meisten Kranken beschriebene Einstellung auf einen individuell fixierten Wert beim Epileptiker vollends mangelt, daß es sich hierbei um eine habituelle Eigentümlichkeit der Epileptiker handelt, die aber keinen *unmittelbaren* pathogenetischen Zusammenhang mit den Anfällen verrät.

Hält man sich vor Augen, daß für die Größe der Calorienproduktion in erster Linie der Bedarf der Zelle maßgebend ist (Grafe), daß aber der autonome Zellstoffwechsel sowohl zentralnervös als auch direkt und indirekt hormonal reguliert wird (Biedl), so liegt wohl die Frage nahe, ob sich eine differenzierte Verantwortlichkeit einer dieser Faktoren für die Grundumsatzschwankungen feststellen ließe. Diese Frage ist angesichts der wechselseitigen Durchdringung aller das vegetative System konstituierenden Faktoren in dieser Form und heute nicht zu beantworten. Immerhin habe ich in der erwähnten Studie hinsichtlich der hormonalen Steuerung des Gaswechsels die Anschauung vertreten, daß diese kurzfristigen Schwankungen des Grundumsatzes wohl schwerlich als Ausdruck ebenso abrupt einsetzender Störungen der Hormon*produktion* aufgefaßt werden können. Es bleibt somit nichts anderes übrig, eingedenk des Satzes von Friedrich v. Kraus: Die Hormone kreisen inaktiv im Blute, anzunehmen, die wechselnde Hormonwirkung am Erfolgsorte durch eine dieser Aktivierung bald mehr widerstrebende, bald mehr begünstigende Konstellation peripher autonomer Faktoren zuzuschreiben. Als Stütze für diese Annahme erwähnte ich dort das interessante Ergebnis einer artefiziellen hormonalen Beeinflussung des Stoffwechsels bei einer durch Unterfunktion der Ovarien auch klinisch gekennzeichneten Kranken, bei welcher die reichliche Behandlung mit Keimdrüsen zwar einen ungemein günstigen Effekt auf den vorher pathologischen Grundumsatz und auf die spezifisch-dynamische Eiweißwirkung entfaltete, nicht aber die eigentümlichen Schwankungen der Werte zum Verschwinden brachte. Der Durchschnittswert des Grundumsatzes war *vor* der Behandlung + 27,5%, nach derselben + 4,9%, die spezifisch-dynamische Eiweißwirkung vorher nach 60 Minuten + 6,3, nach 90 Minuten 0% Steigerung, während sie nach der Behandlung auf + 37,3% anstieg. Die Amplitude der Schwankungen des Grundumsatzes aber betrug vorher + 21,7% bis 33,9%, nachher — 6,6% bis + 14,2%. Es wurden also organotherapeutisch die Wirkungen der unterfunktionierenden Drüse aufgehoben; man wird daher die unbeeinflußt gebliebenen Schwankungen nicht als Ausdruck dieser Unterfunktion betrachten können, sondern ihre Genese anderen, außerhalb der Drüse wirkenden Faktoren zuschreiben müssen. Wir begegnen uns in dieser Auffassung mit Zondek und Reiter, die — wie schon oben erwähnt — die Störungen der Hormonwirkung gelegentlich auf Änderung der peripheren Elektrolytverteilung zurückführen wollen.

Was nun die zentralnervöse Steuerung des Gaswechsels betrifft, so kann angesichts der früher beschriebenen Tonusschwankungen der vegetativen Nerven kein Zweifel obwalten, daß auf diesem Wege ein konform schwankender Einfluß auf den Grundumsatz zustande kommen kann, ebenso wie dieser auf die spezifisch-dynamische Nahrungswirkung durch die Arbeiten Abelins, Libesnys u. a. festgestellt ist. Zur näheren Analyse dieser Einwirkung reichen allerdings unsere Kenntnisse der zentralen Stoffwechselregulation nicht aus, es wäre denn, daß man sich mit einer so allgemeinen Fassung zufriedengeben wollte, wie jene Odairos, daß das sympathische System im Sinne einer Steigerung der Oxydation, das parasympathische im Sinne einer Verminderung wirke.

Steht man streng konsequent auf dem Standpunkte der Krausschen Konzeption von der funktionellen Einheit des vegetativen Systems, dann erscheint die Frage nach der Lokalisation vielleicht gänzlich müßig. Geelmuyden kommt gleichfalls zu dem Schluß, daß das thermo-chemische Geschehen im intermediären Stoffwechsel von stark differenzierten und fein abgestuften Regulationsmechanismen beherrscht erscheint, die nebeneinander tätig sind und sich einander superponieren können.

Jedenfalls wird am ehesten unser Bedürfnis nach Kausalität durch die Vorstellung befriedigt, daß die schon physiologisch labilen Zustände an der zellulären Grenzmembran, die lebensnotwendigen Veränderungen ihrer Dichte und Permeabilität, der elektrischen Spannung und Strömungsrichtung in pathologischer Steigerung als die maßgeblichen Faktoren der schwankenden Oxydation anzusprechen sind. Eine sehr eindringliche Begründung für diese Anschauung geben die beträchtlichen Schwankungen des *respiratorischen Quotienten*, wie sie von Kaufmann und besonders von de Crinis nachgewiesen wurden, ab. Wir sehen in ihren Tabellen, daß O_2-Aufnahme und CO_2-Produktion nicht in einer dem Nahrungsreiz zukommenden harmonischen Kurve verlaufen, daß also eine Dysregulation der Verbrennung bestehen muß, die nicht bis zum Endprodukte abläuft.

Was die *spezifisch-dynamische Eiweißwirkung* betrifft, so fand ich sie in meinen Untersuchungen gleichfalls schwankend, wenn auch nicht in so großer Amplitude, wie den Grundumsatz. Eine durchschnittlich verminderte Eiweißwirkung fand ich in 60% der Fälle, welcher Prozentsatz jedoch bei gleichzeitiger Berücksichtigung der CO_2-Produktion, die nach der von mir angewendeten Methodik nicht bestimmt werden konnte, (Krogh-Apparatur), sicherlich höher ausgefallen wäre. Hinsichtlich der spezifisch-dynamischen Nahrungswirkung ist ja unstreitig die Untersuchung von de Crinis mit dem Zuntz-Geppertschen Verfahren aufschlußreicher. De Crinis fand beim Epileptiker für alle Nahrungselemente — Kohlehydrate, Eiweiß und Fett — eine Herabsetzung der O_2-Aufnahme und der CO_2-Produktion, besonders präparoxysmal, während nach den Anfällen die Zahlen sich den Normwerten mehr oder minder nähern.

De Crinis wirft in seiner wertvollen Arbeit die Frage auf, ob zwischen der Oxydationshemmung im Gewebe und der Ansäuerung des Blutes ein Zusammenhang bestehe, welche Frage er auf Grund einer durchaus mit unseren Anschauungen übereinstimmenden Begründung bejaht. Er stützt sich auch hierbei mit Recht auf die Chvostekschen Studien am säurevergifteten Tiere, welche die Abnahme der Verbrennungsvorgänge zum Ausdruck bringen (siehe übrigens Grafes Ges. Stoff-Kraftwechsel).

In diesem Zusammenhange müssen wir an die Untersuchungen Mahnerts an Schwangeren erinnern, der gleichfalls eine schlechtere Oxydation der Nahrungsstoffe, besonders des Eiweißes und auf Grund von simultanen Bestimmungen des CO_2-Bindungsvermögens den intermediären Stoffwechsel in acidotischer Richtung umgestimmt fand, besonders bei Schwangerschaftstoxikosen (präeklamptisches Stadium oder Eklampsie). Auch nach Arnoldi hemmt eine vorhandene Azidose den O_2-Verbrauch.

Wie bereits angedeutet, können wir aber de Crinis nicht beipflichten, wenn er das Zentralnervensystem in den Mittelpunkt des Krankheitsgeschehens stellt und in dessen krankhafter Veränderung die einzige Ursache der Erscheinungen sieht, wofür er eine beweiskräftige Begründung schuldig bleibt.

Diese Ansicht steht auch zu seinen eigenen Ausführungen in mancher Hinsicht im Widerspruch, was zu erörtern uns angesichts der Wichtigkeit der Frage für die Pathogenese der Epilepsie dringlich erscheint.

De Crinis führt selbst mit Recht an, daß durch die mangelhafte CO_2-Aufnahme in das Blut gewissermaßen eine CO_2-Anschoppung des Gewebes resultiert, die ihrerseits die Oxydation der Zelle stört. Da aber das Blut keine Anreicherung an CO_2 erfährt — läßt sich ja auch de facto keine erhöhte CO_2-Spannung in ihm nachweisen —, so besteht für das Atemzentrum gar keine Veranlassung, einen Impuls für eine vermehrte Abdissoziation der CO_2 abzugeben. Es vollzieht sich somit diese CO_2-Stauung im Gewebe ohne Vermittlung des Nervensystems und ohne daß wir eine krankhafte Veränderung der zentralen Steuerung voraussetzen müssen. Auch hinsichtlich der Erklärung der mangelhaften Ausscheidung der nicht flüchtigen Säuren durch den Harn bedarf es keines Rekurses auf das Zentralnervensystem, abgesehen davon, daß derzeit noch jede Erkenntnisgrundlage für eine solche zentrale Funktion fehlt. Die berechtigte Annahme, daß die unvollkommene Oxydation im Gewebe nicht bis zum Stoffwechselendprodukt führt, reicht vollkommen aus, die Stauung noch *nicht harnfähiger* Substanzen im Gewebe zu begründen.

Es schien uns wichtig, gegen die Hypothese einer einseitigen *zentralen* Verantwortung des epileptischen Stoffwechsels zu polemisieren, weil ihr die alte Tendenz innewohnt, die Epilepsie als eine ausschließlich cerebrale Erkrankung anzusehen. Andererseits liegt es uns vollkommen ferne, die Beteiligung der vegetativen Gehirnzentren an den krankhaften Vorgängen, aber nur im Rahmen des umfassenden vegetativen Systems, in Zweifel zu ziehen.

Zusammenfassung.

Seriale Grundumsatzbestimmungen nach dem Kroghschen *Verfahren deckten eine weitgehende, in der Pathologie sonst unbekannte Labilität der O_2-Verbrauchswerte auf, die eine Amplitude bis zu 40% betragen kann. Eindeutige Beziehungen zu den Anfallszeiten ließen sich nicht feststellen.*

Auch die Werte der spezifisch-dynamischen Eiweißwirkung wiesen Schwankungen auf, doch nicht im gleichen Ausmaße wie der Grundumsatz. In 60% der Fälle blieb die Wirkung der Eiweißzulage unter der unteren Normgrenze.

Die Untersuchungen der Nahrungswirkung von Kauffmann *und von* de Crinis *mittels der* Zuntz-Geppertschen *Apparatur ergeben eine präparoxysmale Verminderung des O_2-Verbrauches sowohl, als auch der CO_2-Produktion, wobei die Kurven beider Werte keinen Parallelismus zueinander aufweisen. Demzufolge resultieren Schwankungen des respiratorischen Quotienten, die die Verbrennungsprozesse als unvollkommen erkennen lassen.*

Die Kurzfristigkeit der Schwankungen schließt Störungen der Hormonproduktion als ihre Ursache aus; vielmehr müssen Störungen der Aktivierung der (nach Kraus*) inaktiv kreisenden Hormone infolge abwegiger Konstellationen des peripher-autonomen Zellstoffwechsels sowie schwankende Impulse der zentralnervösen Steuerung angenommen werden.*

e) Eiweiß-Stoffwechsel.

Die verminderte Wirkung der Eiweißnahrung auf den respiratorischen Gaswechsel des Epileptikers gegenüber dem Gesunden bestätigt die seit Krainskys Untersuchungen bestehende Annahme einer Störung des N-Stoffwechsels, wenn sich auch in manchen Punkten unzulängliche Anschauungen als unhaltbar erwiesen.

Wenn auf Zufuhr einer bestimmten Eiweißmenge O_2-Aufnahme und CO_2-Produktion sich unter den beim Normalen gefundenen Werten halten, so geht daraus hervor, daß der Abbau dieser Eiweißkörper in unvollkommener Weise erfolgt. Demzufolge wird der Standpunkt Wuths, in der Verminderung der präparoxysmalen N-Ausscheidung lediglich den Ausdruck einer Ausscheidungsstörung anzusehen, den Tatsachen nicht gerecht. Es ist vielmehr der Schluß zu ziehen, daß die mangelhafte N-Ausscheidung die *Folge* des unvollkommenen, nicht bis zum Endprodukte erfolgten Eiweißabbaues darstellt, in gleicher Weise, wie wir im vorausgehenden Abschnitt die Retention der nicht flüchtigen Säuren gedeutet haben. Ob man dieses Eiweiß mit dem Voitschen Terminus „zirkulierendes Eiweiß" benennen soll, wie dies Rohde tat, ist zunächst von sekundärer Bedeutung. Die Berechtigung hierzu ist jedenfalls darin gelegen, daß der Körper aus diesem unvollkommen abgebauten Produkt Organeiweiß gar nicht zu synthetisieren vermag. Angesichts des Verhaltens des Gaswechsels könnte man es nach A. Fränkel auch „totes Eiweiß" nennen, weil es, zum Unterschied vom lebenden Eiweiß, nicht die Fähigkeit zu atmen und Wärme zu produzieren besitzt.

Die Untersuchung der Verhältnisse der Serumeiweißkörper war unter diesen Umständen naheliegend und wurde auch alsbald, zunächst von de Crinis durchgeführt. Auch hier müssen wir hinsichtlich der Literatur, der Kritik der Methoden und Befunde auf die Arbeit von Frisch und Fried: „Die Serumeiweißkörper bei Epilepsie" verweisen.

Dieser Hinweis entledigt uns auch der Pflicht, die älteren Befunde, fast durchwegs mittels einer seither als unzulänglich erkannten Methode erhoben, zu besprechen. Frisch und Fried arbeiteten nach der gravimetrischen Methode von Starlinger und kamen hinsichtlich des Gesamteiweißes des Serums zu dem Ergebnis, daß der *durchschnittliche Gesamteiweißwert* bei Epileptikern beträchtlich höher liegt als bei Nichtepileptikern (Mittelwert nach Starlinger 6,5%, Mittelwert der Fälle von Frisch und Fried 7,95%). Auch hier begegnet man den der Epilepsie eigentümlichen Schwankungen, doch ließ sich im allgemeinen ein Zusammenhang höherer Gesamteiweißwerte mit Anfallszeiten nicht feststellen. Wir fanden auch, ebenso wie Meyer und Brühl, keine Beziehung zwischen Blutdruck und Eiweißgehalt und lehnen die von de Crinis und besonders von Wuth vertretene vasomotorische Theorie ab. In dem wechselnden Gehalt der Serumeiweißkörper ist nach unseren Befunden vielmehr ein sehr bemerkenswerter Ausdruck einer Eiweißbewegung zwischen Blut und Gewebe gelegen, wie wir dies noch an Hand anderer Versuche des Näheren erfassen können.

Zieht man die Ergebnisse hinsichtlich der *Relation* der *Eiweißfraktionen* heran, so erweist sich, daß die Gesamteiweißvermehrung in unseren Fällen völlig auf Rechnung der *Albuminquote* fällt. Denn Starlinger findet einen durchschnittlichen Globulinwert von 2,84%, dem bei uns ein Mittelwert von 2,90% entspricht, woraus hervorgeht, daß unsere Erhöhung des Gesamteiweißwertes ausschließlich durch die höhere Albuminquote veranlaßt ist (Albumin bei Starlinger: 3,66%, Albumin bei Frisch und Fried: 5,05%).

Wir fügen aus unserer Arbeit eine lehrreiche Tabelle bei, welche eine Gegenüberstellung der Streuung unserer Bestimmungen und jener Starlingers auf die verschiedenen Serumeiweißwerte demonstriert.

4,0	4,5	5,0	5,5	6,0	6,5	7,0	7,5	8,0	9,0	Protein %
6	2	6	15	35	23	34	15	9	2	Starlinger
				6,5 %						Mittelwert
—	—	1	—	1	—	5	26	84	19	Eigene Unters.
				7,95 %						Mittelwert

M. Meyer hat zuerst mittels einer allerdings angefochtenen Methode (Viscosirefraktometrie nach Nägeli-Rohrer) gezeigt, daß *in* und *nach* Anfällen eine Verschiebung der Relation gegen die Albuminseite erfolgt. Frisch und Fried konnten zeigen, daß diese Verschiebung schon präparoxysmal besteht und daß nach den Anfällen, besonders deutlich nach Beendigung einer schwereren Anfallsserie die vorher beobachtete „Rechtsverschiebung" durch eine deutliche „Linksverschiebung", also gegen die Globulinseite, abgelöst wird.

Daß es sich hier um keineswegs gering zu achtende pathogenetische Zusammenhänge handeln müsse, ging aus therapeutischen Versuchen mit *Osmon* beim Status epilepticus hervor, welches sich außerordentlich erfolgreich erwies, wenn seine Applikation eine *Linksverschiebung* der Eiweißfraktionen bewirkte, während diese günstige Beeinflussung ausblieb, wenn in der Relation keine Änderung eintrat (siehe übrigens Stejskal, Freund und Gottlieb). Andererseits vermochten Frisch und Fried mitunter Anfälle durch intravenöse Verabreichung eines Diuretikums auszulösen (Salyrgan und Euphyllin); die überraschende Wirkung erfolgte jedoch nur dann, wenn sie mit einer Verschiebung der Eiweißrelation *nach der hochdispersen Phase* einherging.

Diese Verhältnisse sind in meinem Laboratorium auch weiterhin Gegenstand der Beobachtung und Untersuchung, über deren Ergebnisse zur gegebenen Zeit berichtet werden wird.

Sucht man sich über Wesen und Bedeutung dieser Erscheinung Rechenschaft zu geben, so muß leider zunächst darauf hingewiesen werden, daß man über die Herkunft und Entwicklung der Serumeiweißkörper noch keine Klarheit gewonnen hat. Feststehend ist, daß sie sich vom Zelleiweiß herleiten. Herzfeld und Klinger machen in erster Linie die weißen Blutzellen, ferner die Blutplättchen verantwortlich, eventuell noch zerfallende Bindegewebszellen, deren örtliche Stellung eine direkte Verbindung mit dem Blute ohne Vermittlung von Membranen gestattet. Doch befriedigt diese Beschränkung auf die genannten Quellen des Serumeiweißes nicht; man kann der Vorstellung nicht entraten, daß das zerfallende Organeiweiß überhaupt sich am Aufbau der Serumeiweißkörper beteiligt, wenn wir uns zunächst auch kein Bild von diesem Vorgang und von der Einwanderung der Zerfallsprodukte in das Blut machen können. Vorherrschend ist gegenwärtig die Herzfeld-Klingersche Theorie, daß die Fraktionen verschiedene Etappen des Zerfalls- und Dispergierungsvorganges darstellen, der vom Fibrinogen bis zur hochdispersen Phase des Albumins des Blutes eine kontinuierliche Reihe bildet.

Was die Bedeutung der veränderten Verhältnisse der Serumeiweißkörper für die Epilepsie betrifft, so lassen sich natürlich angesichts unserer Unkenntnis der Entstehungsbedingungen nur hypothetische Vorstellungen äußern. In einer Hinsicht allerdings sehen wir im präparoxysmalen Verhalten der Serumeiweißkörper eine sehr beachtenswerte Beziehung zu einer anderen Erscheinung, und zwar zur *Wasserretention.* Es ist bekannt, daß mit dem höheren Dispersitätsgrad das Wasserbindungsvermögen einer Eiweißsole steigt. Nach Kraus ist der Quellungsvorgang eine Erhöhung des Dispersitätsgrades des Systems. Andererseits nimmt, wie Rusznyak feststellte, mit steigendem Fibrinogengehalt die wasseranziehende Kraft der Bluteiweißkörper ab. Nach Nonnenbruch erhöht jede Ionenwirkung, welche die Dispergierung der Kolloide steigert, die Quellung; alle entgegengesetzt wirkenden Ionen entquellen. Govaerts formuliert diese Tatsachen in dem Satze, daß der osmotische Druck des Serumeiweißes von dem Verhältnis Albumin : Globulin abhängig ist. Je größer dieser Quotient, desto höher ist der Druck. Auch nach Straub geht das Wasseranziehungsvermögen, i. e. Quellungsdruck, dem Gehalt an hydrophiler Sole parallel.

Da die hochdisperse Phase beim Epileptiker, besonders *vor* den Anfällen, überwiegt, sehen wir in ihr nebst der Säuerung des Organismus die Veranlassung der vermehrten Wasserbindung gegeben, die uns die Oligurie und Gewichtszunahme in dieser Periode erklärt. Ob zwischen dieser Säuerung und dem höheren Dispersitätsgrad ein Zusammenhang besteht, liegt nach dem Gesagten nahe, ist jedoch meines Wissens nicht erwiesen. Nonnenbruch sieht in der Einstellung der Serumeiweißkörper auf den Wasserbestand des Körpers einen wichtigen Regulator zwischen Blut und Gewebe und zwischen Blut und Niere. Der Eiweißgehalt des Blutes wird durch den Quellungsdruck der Gewebe reguliert. Steigt dieser oder der „onkotische Druck" (nach Schade jeder flüssigkeitsansaugende Druck), so muß sich der onkotische Druck des Blutes darauf einstellen.

In der Bemerkung Nonnenbruchs liegt schon der Hinweis, daß es sich hier keineswegs um eine auf das Blutserum beschränkte Erscheinung handelt. Nach den Vorstellungen Bergers muß man den Zustand der Serumeiweißkörper als die Folge oder als ein humorales Spiegelbild eines gleichgearteten zellulären Vorganges ansehen, wie dies aus verschiedenen hier nicht näher anführbaren Experimenten hervorgeht.

Hier sei auch der für unser Problem wichtigen Ansicht Fischers gedacht, daß die Wasserabsorption des Gehirns und des Nervengewebes eine kolloidchemische Erscheinung ist, was Haldi und Rauth neuerdings bestätigten.

In der höheren Albuminquote des Blutes liegt aber noch eine andere Beziehung zu den Befunden der präparoxysmalen Phase. Bokay hat festgestellt, daß, je größer der Gehalt an hochdispersem Eiweiß, um so größer der Gesamtcalciumgehalt erscheint. Die *grobdisperse* Eiweißfraktion bindet weniger Kalk. Die erhöhten Blutkalkwerte in der Anfallszeit würden damit in gutem Einklange stehen.

Zusammenfassung.

Das „Serumeiweißbild" des Epileptikers — um einen treffenden Audruck Kollerts und Starlingers zu gebrauchen — zeigt eine charakteristische Verschiebung nach der hochdispersen Phase, die besonders präparoxysmal und während serialer Anfälle ausgesprochen ist. Der durchschnittlich höhere Gehalt des Blutes an Serumeiweiß kommt zur Gänze auf Rechnung der Albuminquote, während die grobdispersen Fraktionen normale Zahlenwerte ergeben.

Es wird auf die Beziehungen dieser Rechtsverschiebung mit dem erhöhten Quellungszustand verwiesen, sowie diese typische Blutveränderung als „humorales Spiegelbild" (Berger) der Gewebsveränderung angesehen.

Die verminderte N-Ausscheidung in der präparoxysmalen Phase wird als Folge der Hemmung des Eiweißab- und aufbaues in der kritischen Zeit aufgefaßt, so daß tatsächlich N-haltige Intermediärprodukte kreisen, welchen wohl keine physiologische Funktion, wohl aber störende Giftwirkungen zukommen.

f) Die Hormone.

In meiner eingangs zitierten Arbeit: Die pathophysiologischen Grundlagen der Epilepsie, habe ich u. a. zu zeigen versucht, in welcher Weise und in welchem Grade die endokrinen Drüsen die Erregbarkeit des Zentralnervensystems beeinflussen. Ich bin dort auf Grund des damals vorliegenden Tatsachenmaterials zu einer Gruppierung der Hormone hinsichtlich ihrer Wirkungsrichtung auf die nervöse Erregbarkeit gelangt, indem ich als „toleranzsteigernd" die Epithelkörperchen, Pankreas, Thymus und Keimdrüsen, sowie das den Eiweiß- und

Fettstoffwechsel akzellerierende Schilddrüsenhormon bezeichnete, während sich als „toleranzerniedrigend" der Adrenalkörper, gewisse Funktionen der Hypophyse und jene Schilddrüsenhormone erweisen, welche den Sympathicus sensibilisieren, die Nebenniere reizen und den Zuckerstoffwechsel fördern.

Ich habe ferner auf die höhere Anfälligkeit zu den Zeiten bedeutungsvoller hormonalen Umgruppierungen, wie das Kindesalter, Pubertät, Menstruation, Gravidität und Klimax hingewiesen, sowie nicht zuletzt auch die häufige Kombination der Epilepsie mit anderen hormonal und vegetativ stigmatisierten Krankheiten erwähnt. Hinsichtlich der ausführlichen Begründung dieser Anschauungen verweise ich auf die genannte Arbeit. Die seither gesammelten Erfahrungen boten keinen Anlaß, die seinerzeit ausgesprochene Anschauung zu korrigieren. Ich habe schon damals den Standpunkt vertreten, daß den der Epilepsie zukommenden hormonalen Funktionsstörungen keineswegs strukturelle Veränderungen in den Drüsen, auch keine schweren und eklatanten Erscheinungen einer abwegigen Tätigkeit zugrunde liegen müssen. In dieser Hinsicht haben neue Forschungsergebnisse unsere Vorstellung von der Wirkungsmechanik des endokrinen Apparates wesentlich vertieft. Seitdem wir, hauptsächlich dank den Arbeiten der Krausschen Schule, gelernt haben, den hormonopoetischen Apparat als ein funktionelles Teilstück in das „vegetative System" einzufügen, ist die Forderung einer in die betreffende Hormondrüse zu lokalisierenden Anomalie mehr denn je entbehrlich geworden. Vegetativer Nerv, Elektrolytenkombination im Erfolgsorgan und Hormon bilden eine biologische Einheit (Zondek und Reiter).

Wir können heute annehmen — wie bereits in den vorausgehenden Kapiteln besprochen —, daß sich eine mangelhafte Hormonwirkung ergeben kann, ohne daß wir sie auf eine mangelhafte Produktion dieses Hormons zurückführen müssen. Und das gleiche gilt für ein Zuviel der Wirkung. Die überragende Bedeutung der peripheren Konstellation im Erfolgsorgan bezieht sich auch auf die Wirkungsbedingungen der Hormone. Da nicht überall die gleichen Bedingungen vorliegen, werden auch nicht überall die gleichen hormonalen Effekte zustande kommen, so daß wir in dieser Tatsache auch teleologisch die Bedeutung der feinen Anpassungsfähigkeit von Bedarf und Angebot erkennen können. Die Verlegung des Schwerpunktes aus den hormonproduzierenden Drüsen in das peripherautonome Gewebe vermag uns manche bisher unerklärliche Erscheinung dem Verständnis näher zu rücken. Z. B. die längst bekannte Sensibilisierung der Adrenalinwirkung durch lokale Säuerung. Es wurde schon erwähnt, daß Zondek auch lokal begrenzte Wachstumsanomalien hormonalen Gepräges (z. B. partielle Akromegalie) auf derartige konstellative Sonderverhältnisse im Erfolgsorgan zurückführt. Hier sei nochmals an die Versuche von Zondek und Reiter erinnert.

Die biologische Einheit von Hormon, vegetativem Nerv und Elektrolytenkombination im Erfolgsorgan zeigt sich umgekehrt auch darin, daß, wie Pletnew treffend zusammenfaßt, die inneren Sekrete des hormonalen Systems das tonisierende Moment für die Stimmung des Nervensystems und der effektorischen Zellen darstellen.

Um Wiederholungen zu vermeiden, verweisen wir hinsichtlich ihrer mannigfaltigen Wirkung auf die eingangs zitierte Arbeit, auf die vorausgehenden Kapitel dieser Abhandlung, sowie auf das Schlußwort.

Doch scheint es uns geboten, ungeachtet der vorausgehenden Feststellungen auch die nicht allzu selten klinisch offenbaren Anomalien des endokrinen Apparates zu betonen (siehe auch Foersters Referat in Düsseldorf). Insbesondere werden die auffallend häufigen Funktionsstörungen der *Keimdrüsen* in der Klinik der Epilepsie unseres Erachtens nicht genügend gewürdigt. Wir erinnern hier an die Ansicht Hirschs, welche wir durchaus bestätigen können, daß die Dysmenorhöe der Spasmophilen eines von den vielen Symptomen der nervösen und muskulären Übererregbarkeit im Gesamtbilde der spasmophilen Konstitution ist.

Leider besitzen wir keine verläßliche biologische Methode zur Prüfung der individuellen „Blutdrüsenformel", um den treffenden Begriff R. Sterns zu gebrauchen. Die Abderhaldensche Reaktion ist hinsichtlich der Spezifität ihrer „Abwehrfermente" noch viel zu unsicher, um als klinische Grundlage zur Feststellung der Blutdrüsenformel zu dienen. Wir haben gleich Jacobi die interferometrische Methode in zahlreichen Fällen von Epilepsie und unter Kontrolle Gesunder angewandt, wobei wir nicht die Überzeugung der Spezifität des Abbaues gewinnen konnten. Schon die Tatsache, daß unsere Seren, sowohl der Gesunden als auch Kranken, Hoden und Ovarien in fast identischen Werten abbauten, begründet den Zweifel an der *Organ*einstellung der Methode. Durchschnittlich am stärksten wurde von Kranken und Gesunden das Pankreas abgebaut, ihm folgte die Schilddrüse, doch erhielten wir überhaupt niemals Werte, die als pathologisch angesprochen werden konnten.

Auf Grund unserer Erfahrungen sind wir auch der Meinung, daß die sich immer häufiger offenbarende Neigung mancher Autoren, die Abderhaldensche Reaktion weitgehenden diagnostischen Folgerungen zugrunde zu legen und sie als Prüfstein therapeutischer Wirkungen zu verwenden, allzu optimistisch und *derzeit* nicht begründet ist.

Zusammenfassung.

Hinsichtlich der Bedeutung des endokrinen Apparates für die Pathophysiologie der Epilepsie verweise ich auf die bezüglichen Ausführungen in meiner Studie: Die pathophysiologischen Grundlagen der Epilepsie.

Das hormonale Wirkungsprinzip ist durch den treffenden Satz von Kraus gekennzeichnet: Die Hormone kreisen inaktiv im Blute.

Die periphere Konstellation im Erfolgsorgan aktiviert erst die hormonale Fermentation, indem sie ihr Maß und Richtung gibt.

g) Stoffaustausch.

Wenngleich alle in den vorausgehenden Kapiteln abgehandelten Stoffwechselelemente Zeugnis von ihrer Beeinflussung durch die biologische Erscheinung des Stoffaustausches und seiner Gesetzmäßigkeit ablegen, erscheint es doch im Interesse eines besseren Verständnisses der objektiven Befunde und einer tieferen Würdigung dieses wichtigen Vorganges gelegen, sich mit seinem Wesen und seinen Auswirkungen näher zu beschäftigen. Daß natürlich hier nicht eine erschöpfende Darstellung des ganzen Tatsachenmaterials und aller bezüglichen Theorien beabsichtigt ist, bedarf keiner weiteren Begründung.

Wir gehen von dem biologischen Grundgesetz in seiner allgemeinsten Fassung aus, daß das Leben in einem Zellenstaate auf Spannungsdifferenzen, auf Potentialgefällen der verschiedenen lebensnotwendigen Elemente beruht, deren Ausgleich den Tod des Organismus bedeutet. Wesentliche Voraussetzung und Grundlage dieser physikalischen Erscheinung sind *Grenzflächen.* Die Erforschung ihrer Wesenheit und ihrer Funktionsgesetze führt uns zu den Grundelementen des Lebens selbst. Kraus nennt deshalb die Protoplasmadynamik den Unterbau alles lokalen und personellen Funktionierens überhaupt. Diese Grenzflächen sind aber durchaus keine starren, unwandelbaren Gegebenheiten, deren Funktion als un- oder halbdurchlässige Wand unveränderlich ist. Höber sagt: „Die ursprünglich als Paradoxon anmutende Erscheinung, daß sich die lebenden Zellen für gewöhnlich gegenüber so wichtigen Stoffen, wie Salz, Zucker, Aminosäuren als undurchlässig erweisen, ist so zu verstehen, daß die Zellen diese Stoffe nur in bestimmten Funktionszuständen eintreten lassen." Es handelt sich hierbei um jene schwierige Frage des Permeabilitätsproblems, auf welche Weise das Eindringen lipoidunlöslicher Stoffe, wie eben der genannten, vorzustellen ist. Kraus lehnt die Existenz der semipermeablen Membran ab und schließt sich Möllendorf an, nach welchem das Zellinnere von einem Straßennetz mit freier Ausmündung an allen Teilen der Oberfläche durchzogen ist, die allen Stoffen den Zutritt gewähren, deren Umsatz lediglich wechselnden Adsorptionsgleichgewichten an den Grenzflächen unterliegt. Gleichviel wie die größtenteils noch unübersichtlichen Vorgänge verlaufen, ist daran nicht zu zweifeln, daß an diesen Grenzflächen sich die Lebensprozesse unter der Einwirkung der Glieder des vegetativen Systems: des Wassers, der Salze in ionisierter Form, der Hormone, Fermente, Reizstoffe usw. abspielen. Die Grenzflächen selbst sind Gemische von Lipoiden und Eiweiß. Nach Kraus steckt schon in der Wechselwirkung zwischen Kolloidelektrolyt und gewissen antagonistischen Salzelektrolyten für die Hydratation der kolloiden Membranen und Teilchen alles Funktionieren und alle funktionelle Anpassung. Das heißt also, daß die Spezialfunktion einer Organzelle schon auf den Prozessen an ihren Grenzflächen beruht. Höber schildert den Vorgang allgemein gefaßt: „Die *Erregung* stellt einen Membranvorgang dar, der durch eine Änderung der Ionenkonzentration in unmittelbarer Nachbarschaft der Membran ausgelöst wird und in einer kolloiden Zustandsänderung besteht, die mit einer Steigerung der Permeabilität einhergeht. *Der Vorgang ist reversibel.* Die *Lähmung* kann dadurch hervorgerufen werden, daß man zwischen Membran und auf sie wirkende Ionen als Barriere eine Schicht von Narcoticum legt, oder daß man die Kolloide der Membran durch Verdichtung zu starr für die Erregung auslösende Auflockerung macht, oder auch dadurch, daß man umgekehrt die Membran so auflockert, daß sie bei Reizen keine weitere Auflockerung durchmachen kann. Die normale Auflockerung und damit Permeabilitätssteigerung bei der Erregung ermöglicht den Zellen, ihren Stoffwechsel — Aufnahme von Nahrung und Abgabe von Innenbestandteilen — ihren Bedürfnissen anzupassen."

Das Höbersche Modell des dreifachen Weges der Zellähmung läßt sich interessanterweise gerade an den empirischen Erfahrungen der Epilepsie demonstrieren: Den ersten Weg, die Errichtung der Narcoticum-Barriere, beschreiten wir in der Sedativ-Therapie mittels Brom und Luminal. Die zweite Wirkung, die Verdichtung der Membran, hat *die Kochsalzentziehung* einerseits, die *Calciumtherapie* andererseits zum Ziele, denn beide beeinflussen die Hydratation der Kolloidmembran im Sinne einer *Entquellung* und Erhöhung der *Aggregation.* Die dritte Art der Lähmung, durch maximale Auflockerung jede weitere Auflockerungsmöglichkeit durch Reizung zu vereiteln, besorgt — der Anfall selbst. Vom biologischen Gesichtspunkte aus betrachtet, erreicht der Anfall die therapeutische Wirkung am vollkommensten. Denn er hebt die Reizempfindlichkeit der Zelle — wie man sich im Experiment überzeugen kann — nicht nur auf, sondern er wirkt als reparatorischer Vorgang in dem Sinne, als er alle vor dem Anfall bestandenen Anomalien (siehe weiter unten) ausgleicht, während unsere therapeutischen Strebungen, wie sie bisher geübt wurden, nur der Lähmungstendenz bestenfalls Genüge leisten. Darin mag auch der Grund liegen, warum die Kranken, wenn sie durch Sedativa lange anfallsfrei gehalten worden sind, selbst den Anfall herbeisehnen.

Zu unserem Thema zurückkehrend, wollen wir zunächst der Vorstellung Raum geben, welche sich Arnoldi von der Reihenfolge der Geschehnisse macht: „Das Inkret beeinflußt unter Vermittlung der vegetativen Nerven und der Elektrolyte — einschließlich der H- und OH-Ionen — die Permeabilität der Membranen und Zellhüllen. So wird die Stoff*bewegung* verändert. Letzten Endes ändert sich aber auch der Stoff*umsatz*, zumal nach Ehrlich der jeweilige Alkaleszenzgrad für die O_2-Aufnahme bedeutungsvoll ist (Azidosis). Störungen der Stoffbewegung in irgendeiner Etappe des Transportes ruft Krankheitserscheinungen hervor; so kann die *Geschwindigkeit* von der Norm abweichen, ebenso die *Richtung* der Stoffbewegung eine Abänderung erfahren.

Von all diesen, hier nur in den Grundelementen skizzierten Vorgängen kann man sich im Tierexperiment, am überlebenden Organ und schließlich aus der Blutuntersuchung überzeugen. Um aber Befunde der Blutuntersuchung zu verstehen, muß nachdrücklichst immer wieder betont werden, daß die Veränderungen im Blute nur als Indikator dafür angesehen werden dürfen, daß überhaupt Veränderungen in der Stoffverteilung im Organismus bestehen (Kraus). Einen direkten pathogenetischen Zusammenhang zwischen der Blutveränderung und einer Krankheitserscheinung anzunehmen, ist unberechtigt und irreführend. Eine veränderte Blutzusammensetzung deutet, wie Nonnenbruch sagt, auf eine Änderung im Zustande der Gewebe hin. Nicht die Gewebe stellen sich auf das Blut ein, sondern das Blut ist der Ausdruck der Beschaffenheit der Gewebe. Es können sich, wie nicht übersehen werden darf, aber auch Veränderungen im Stoffaustausch der Gewebe vollziehen, ohne daß sie im Blut zum Ausdruck kommen (Kraus und Zondek). Die Wertigkeit des Blutbefundes als Indikator wird auch dadurch beeinflußt, daß das Blut Änderungen seiner Zusammensetzung einen gewissen inneren Widerstand entgegensetzen muß, weil die normale physikalische Struktur des Blutes ein wichtiger Faktor für den normalen Ablauf der Lebensvorgänge darstellt (Sachs und Oettingen). Deshalb herrscht im Blute als oberstes Prinzip die Aufrechterhaltung der Isochemie, Isothermie, Isoionie und Isotonie vor.

Der Stoffaustausch zwischen Blut und Gewebe spielt sich im Kapillargebiet des Kreislaufes ab und untersteht dem Einfluß der nämlichen Faktoren, die wir auch an der Zellmembran maßgebend kennengelernt haben. Also die peripherautonomen Faktoren der Potentialdifferenz, des Quellungsdruckes und des osmotischen Druckes, hier außerhalb und innerhalb der Gefäße, die Steuerung durch die vegetativen Nerven und die Inkrete. Die Permeabilität der Blutgefäße hängt, wie Asher nachgewiesen hat, von ihrer Innervation ab.

Betrachten wir die Blutbefunde bei Epilepsie vom Gesichtspunkte des Stoffaustausches zwischen Blut und Gewebe, so können wir uns hinsichtlich des Wassers und Kochsalzes, des Säure-Basengleichgewichtes, des Calciums, als des für unser Problem wichtigsten Elektrolyten, und des Eiweißes unter Hinweis auf die früheren Kapitel kurz fassen. Häufig anzutreffende hypochlorämische Werte im Zusammenhang mit verringerter NaCl- und Wasserausscheidung manifestieren höhere Kochsalz- und Wasserbindung im Gewebe. Blutcalciumwerte schwanken mitunter von unternormaler zu weit die obere Grenze übersteigender Höhe, ohne daß sich in der Kalkassimilation und Kalkausscheidung abnormes Verhalten feststellen ließe. In der aktuellen Blutreaktion ist bei *spontanen* Anfällen dank der ungestörten Tätigkeit der Regulationsmechanismen keine krankhafte Änderung nachweisbar, dagegen sinkt in kritischen Zeiten das CO_2-Bindungsvermögen, die Alkalireserve ist verringert, es besteht Hypokapnie. Im selben Sinne sprechen die Schwankungen der NH_3-Zahl. Die Eiweißwerte sind durchschnittlich im Blute erhöht und zwar zugunsten der hochdispersen Phase, die besonders präparoxysmal ansteigt.

Womit wir uns hier aber noch eingehender beschäftigen müssen, sind die in verschiedenen Zeiten des Epileptikers schwankenden Blutwerte des *Reststickstoffs*, des *Blutzuckers* und der *Lipoide*.

Frisch und Walter fanden den RN präparoxysmal vermehrt, ferner häufig, ebenso wie vorher Heidema und Wuth, Hyperglykämie. Kersten beobachtete ein sehr eigentümliches Hin- und Herpendeln der Blutzuckerwerte dicht über und unter der Norm bis kurz vor dem Anfall, in diesem selbst das Ansteigen zu besonderer Höhe, die in ganz kurzer Zeit erklommen wird. Was den Lipoidstoffwechsel betrifft, so hat de Crinis in derselben Periode eine wesentliche Erhöhung des Cholesteringehaltes im Blute beschrieben.

Nun ist bekanntlich der Gehalt der genannten Körper beim Normalen im Gewebe weitaus höher als im Blute, es besteht sonach ein starkes Gefälle zwischen den Organen und dem Blute. Geht man den Bedingungen nach, unter welchen eine Änderung dieser Spannung eintritt, so ergibt sich, daß hinsichtlich des Blutzuckers der prozentuelle Blutgehalt höher als der Gewebszucker wird, wenn ein sympathicotonischer Reizzustand (etwa durch Adrenalin) hervorgerufen wird (Seo). Das gleiche gilt vom Cholesterin. Nach Wacker und Hueck kommt es unter Adrenalinwirkung zur Hypercholesterinämie. Hier müssen wir auch der Versuche von Dresel und Sternheimer gedenken, nach welchen Lezithinvermehrung in der Außenflüssigkeit (im Serum bei dem Kaninchenversuch) einen vagischen Zustand der Gewebe hervorruft, während Cholesterinvermehrung einen sympathischen Gewebszustand bedingt. Derselbe Zustand der Hypercholesterinämie wird auch durch Entfernung der Epithelkörperchen bewirkt, wie die Befunde von Rémond, Colombiès und Bernardbeig demonstrieren. Dieselben zeigen auch, daß Epithelkörperchenextrakt den erhöhten Blutgehalt an Reststickstoff und Cholesterin herabzudrücken vermag. Lernen wir also bezüglich des Cholesterins in den Epithelkörperchen den Antagonisten zur Adrenalinwirkung kennen, so ist bekanntlich hinsichtlich des Blutzuckers das Pankreas der Gegenspieler. Seo konnte durch Unterbindung des Pankreasganges nach längerem Bestehen derselben einen ausgesprochen sympathicotonischen Zustand mit dauernder Blutzuckererhöhung hervorrufen.

Nach Mahnert ist der Cholesterinspiegel im Blute gravider Frauen, besonders in der zweiten Hälfte der Schwangerschaft erhöht. Adrenalinzufuhr bewirkt eine weitere Vermehrung, die nach Ansicht Mahnerts dadurch zustande kommt, daß unter der Adrenalinwirkung das Lipoid aus den Organdepots, besonders der Leber, ausgeschieden wird.

Hinsichtlich des RN wollen wir noch darauf verweisen, daß Lichtwitz, Nonnenbruch, sowie Becher für den Blutwert nebst der Nierenfunktion auch die Verteilung des RN auf Blut und Gewebe verantwortlich machen, daß ferner Becher erhöhten RN gewöhnlich als Begleiter eines *erhöhten Gesamtstickstoffgehaltes* findet. Nach Asher ist eben der Austausch von Eiweiß und Reststickstoff weitgehend von der vegetativen Innervation abhängig.

Sehen wir unter den Bedingungen eines veränderten Blutgehaltes dieser Stoffe nervöse und hormonale Einflüsse vorherrschen, so ist dies darin gelegen, daß uns die Feststellung ihrer Einwirkung zugänglicher ist, als die noch unübersichtlichen peripher-autonomen Faktoren. Mit Recht sagt daher Brugsch: „Es wäre verfehlt, die Austauschverhältnisse zwischen Blut und Gewebe zugunsten einer allzustarken Betonung ihrer zentralen Regulation unterschätzen zu wollen."

Jedenfalls können wir auch die Veränderungen des Blutgehaltes der letztgenannten Stoffwechselelemente als den Ausdruck mehr oder weniger ausgesprochener Störungen der Permeabilität, der Stoffbewegung und des Stoffumsatzes im Gewebe ebenso wie die schon früher abgehandelten Körper erkennen.

IV. Zusammenfassende Schlußbetrachtung.

Zunächst eine formale Bemerkung. Es lag weder in der Tendenz, noch wäre es im Rahmen dieser Abhandlung durchführbar gewesen, das ganze Tatsachenmaterial, sowie die gesamte Literatur aller hier in Betracht gezogenen Einzelprobleme aufzutürmen. Auch eine Reihe eigener Untersuchungen wurden zum Teil ganz unerwähnt gelassen, zum Teil nur kurz berührt, wie z. B. Diureseversuche, die in großer Zahl an meiner Station zur Durchführung gekommen waren. Durch all dies hätte die Darstellung nur an Breite, nicht an Tiefe gewonnen, die Übersichtlichkeit des Problems wäre noch schwieriger geworden, als es schon in ihrer Wesenheit begründet ist.

Gehe ich nun daran, die in den einzelnen Kapiteln erörterten Befunde und Ergebnisse zu einem sinnvollen Ganzen zusammenzufassen, so erscheint es mir zunächst zweckmäßig, die durchaus veränderte prinzipielle Einstellung der Epilepsieforschung zu kennzeichnen, welche sie jetzt gegenüber der letzten Dezennien einnimmt. Ich habe schon in der Einleitung die vergangene Forschungsperiode dahin charakterisiert, daß sie bemüht war, den nosologischen Begriff „Epilepsie" durch knappste Determination von allen ähnlichen „epileptoiden", „epileptiformen" Zuständen zu differenzieren und sie in der Faszination, alles epileptische Geschehen müsse durchaus und ausschließlich eine *cerebrale* Angelegenheit sein, rein morphologisch zu begreifen. Die in den Funktionsgesetzen des Zentralnervensystems befangene neurologische Denkeinstellung versagte sich der Vorstellung eines Funktionierens außerhalb der cerebralen Suprematie.

Diese Versuche mußten natürlich gegenüber der Mannigfaltigkeit der Phänomene vergeblich bleiben, wovon ja schon die unselige Verlegenheitskonstruktion der sogenannten „genuinen Epilepsie" beredtes Zeugnis legt. Es ist daher nicht verwunderlich, daß sich alsbald jene Autoren, die vor die Aufgabe gestellt waren, eine monographische Darstellung zu liefern, sich von dem Krankheitsbegriff „Epilepsie" abkehrten. So sprachen Hartmann und di Gaspero im Lewandowskyschen Handbuch vom „epileptischen Symptomenkomplex", O. Bumke im Mohr-Stählinschen Handbuch von „epileptischen Reaktionen und Krankheiten". War, wie gesagt, die Tendenz der früheren Forschung weitgehende Abgrenzung, indem sie sich auf einen extrem *morphologischen* Standpunkt stellte, ist das Ziel der gegenwärtigen, gestützt auf den *Funktionsbegriff*, die tunlichste Umfassung aller gemeinsamen, in den *Krampfmechanismus* konvergierenden dynamischen Faktoren, die den Boden bereiten, aus welchem sich nebst anderen Zuständen *auch* die Krankheit „Epilepsie" erhebt.

Von diesem Gesichtspunkte aus treten zunächst, wie ich dies schon in meiner eingangs erwähnten Studie ausgeführt, die corticalen Veränderungen in ihrer pathogenetischen Bedeutung zurück, womit natürlich nicht gemeint ist, daß sie — dies muß Mißverständnissen gegenüber betont werden — aus dem Interessenkreis ärztlicher Forschung eliminiert werden sollen. Ihren *konditionellen* Charakter aber verraten sie schon durch die unzweifelhafte Tatsache, daß sie nicht *obligat* zur Krankheitsäußerung führen. Dagegen bilden die in der Konstitution verankerten, sei es in der Anlage, sei es in einer abwegigen Entwicklung gesetzten Funktionsanomalien *des Gesamtorganismus* eine bedingungslose Voraussetzung. Ich habe schon seinerzeit dieses Geschehen im Gesamtorganismus, die individuelle Artung seines Stoffwechsels und seiner hormonalen Tätigkeit als den *Rhythmus-und Taktgeber* cerebraler Mechanismen hingestellt. Erst die grandiose Synthese von Friedrich Kraus, welche zweifellos der zukünftigen medizinischen Forschung eine neue Basis und eine neue Richtung verleiht, hat alle diese Faktoren zu einer „biologischen Einheit" zusammengefaßt.

Wir setzen das im Sinne der Krausschen Konzeption gehaltene Schlußwort aus einem Referate Brugschs hierher: „Unser Organismus ist ein Zellenstaat, dessen kleinste Zelle Autonomie besitzt, aber nicht nur zur nächsten Umgebung, sondern auch zu entfernteren Organen und Systemen in Korrelation steht. Zusammengehalten wird der Staat durch zwei Systeme: das Blut und das vegetative Nervensystem. Beide sind Mittler und Regulatoren. Die großen Aktivatoren aber sind durchwegs die Hormone." Mogilnitzky spricht von der „dreifachen Sicherung", die die gesetzmäßige Tätigkeit des physiologischen Mechanismus reguliert: 1. Die Arbeit des Organs selbst, 2. Das Nervensystem, 3. Die regulierende Tätigkeit der Drüsen mit innerer Sekretion. Wenn auch das Bild einer „Sicherung" unseres Erachtens den Tatsachen eine irreführende Deutung zu geben geeignet ist, so kommt doch das Prinzip der unlösbaren Bindung darin zum Ausdruck.

Wenn man nun die in den vorausgehenden Kapiteln erörterten Erscheinungen vom Gesichtspunkt eines biologisch einheitlichen Geschehens ins Auge faßt, so ergibt sich tatsächlich eine vollkommene Kongruenz in der Richtung der dynamischen Funktionen. Setzen wir in dem geschlossenen Kreis der ineinander verketteten Prozesse an der Störung der Verbrennungen ein — ist ja doch die Oxydation der elementarste Lebensvorgang —, so ergibt sich, abgesehen von den dauernd labilen O_2-Verbrauchswerten, in der kritischen Zeit als charakteristischste Störung eine Hemmung der Oxydation, wobei der respiratorische Quotient sinkt,

d. h. also, daß weniger CO_2 produziert wird, als der verbrauchten O_2-Menge entspräche. Es bilden sich Intermediärprodukte sauren Charakters, wie die im Blute auftretende *Hypokapnie* beweist. Gleichzeitig finden wir NaCl-Retention und Calciumverarmung im Gewebe, die beide im Sinne der Wasserspeicherung wirken. Im gleichen Sinne wirkt auch die Hyperalbuminämie, der wir im Gewebe einen identischen Vorgang zuordnen müssen. Diese Stickstoffanreicherung führt uns wieder zu dem Ausgangspunkte, der Oxydationshemmung zurück, da sie als eine unmittelbare Folge derselben aufzufassen ist. Ergänzen wir noch die häufigen Befunde erhöhter Blutwerte von *Reststickstoff*, *Blutzucker* und *Cholesterin*, so stellen sie sich als die unmittelbaren Wegweiser zu den hormonalen Störungen dar. Denn aus ihnen ergibt sich direkt die Gleichgewichtsstörung zu *ungunsten* des (vagischen) *Epithelkörperchen-Pankreas-Prinzips* gegenüber dem *sympathischen Nebennierenprinzip*. Das Unterliegen des ersteren macht sich klinisch vor allem durch die von uns stets betonte *Erregbarkeitssteigerung* der peripheren Nerven auf elektrische Reizung, insbesondere der Öffnungszuckungen kund. Wir erinnern hier an die Behauptung von Behrend und Hopmann, daß im Grade der elektrischen Erregbarkeit das feinste Kriterium der Stoffwechsellage und damit der sympathischen Disposition zu sehen ist. Die von uns stets behauptete elektrische Übererregbarkeit in der präparoxysmalen Phase wird durch O. Foerster bestätigt, der unmittelbar vor dem Anfall den Eintritt der Änderung konstatieren konnte. Er spricht auch von der Labilität der elektrischen Reizschwelle in der kritischen Zeit, die analog dem uns durch Kersten bekannt gewordenen Hin- und Herpendeln der Blutzuckerwerte die stürmischen Kämpfe um das Gleichgewicht dieser antagonistischen Prinzipien illustriert.

Wir sehen somit, daß alle diese Vorgänge zwei für unser Problem sehr wichtigen Momenten konvergierend zustreben. Das sind *Quellung* und *Erregbarkeitssteigerung*.

Zur Quellung führt der Säurefaktor, die Retention von Natrium und Chlor, die vermehrte hochdisperse Eiweißsole, sowie die Calciumverarmung, wie dieselben Faktoren auch die Erregbarkeitssteigerung veranlassen.

Erinnern wir noch daran, daß die Menstruation und die Gravidität zu gleichen Erscheinungen Anlaß geben, so lernen wir die Beziehungen dieser Phasen des weiblichen Stoffwechsels zur größeren Anfallsneigung besser verstehen, wie sie auch die bekannte Tatsache der Zuordnung normal funktionierender Keimdrüsen zu der Epithelkörperchen-Pankreasgruppe und ihre stimulierende Wirkung auf diese Organe bestätigen.

Angesichts dieser immer wiederkehrenden Beobachtung stellte sich natürlich alsbald die Frage nach dem Warum ein. Warum kommt es denn zu all diesen Erscheinungen, warum zeigen sie sich bei Einzelnen nur in ganz bestimmten, individuell verschiedenen Perioden, warum schwanken sie in ihrer Intensität und auch in ihrer Simultanität? Die Frage nach dem Warum führt zu dem Konstitutionsproblem. Die Eigenart einer individuellen Konstitution gibt sich in der Eigenart ihrer Reaktion auf die von außen einwirkenden Anforderungen, Zumutungen und Reize kund. Die Frage nach dem Warum der vegetativen Störungen des Epileptikers ist unseres Erachtens von derselben Art wie etwa jene beim Diabetiker. Hier wie dort handelt es sich um eine zweifellos vererbbare Anlage, derzufolge Belastungen mit gewissen Stoffen eine verminderte Toleranz entgegengesetzt wird. Hier wie dort ist der Einfluß concomittierender Faktoren unbestreitbar, wie klimatische Momente (Luftdruck, Sonnenstrahlung, elektrische Spannung), psychische Momente (Sorgen, motivierte Aufregungen usw.), nicht zuletzt in der Ernährung gelegene Momente usw. Hier wie dort zeigt sich in hormonal gekennzeichneten Ausnahmszuständen (Gravidität) ein Sinken der Toleranz. Handelt es sich bei der zum Diabetes prädisponierenden Konstitutionsanlage vorzugsweise um die Toleranz den Kohlehydraten gegenüber, scheint es sich bei der zur Epilepsie führenden Konstitution höchstwahrscheinlich um Toleranzschwankungen in der Sphäre des N-Stoffwechsels zu handeln.

Jedenfalls ist eine umfassende Gruppe von Trägern dieser eigenartigen Konstitution, welcher *auch* die Epileptiker zugeordnet sind, durch diese Störungen charakterisiert, mag man sie nun mit Peritz „Spasmophile" (wegen ihrer offenbaren Krampfneigung) oder mit v. Bergmann „vegetativ Stigmatisierte" nennen. Vielleicht wird ein zukünftiger Erkenntnisfortschritt einen das Wesen dieser Menschen präziser kennzeichnenden Terminus mit sich bringen. Hier erinnern wir auch, daß Martinet (zitiert nach Laignel-Lavastine) die Menschen in zwei Gruppen einteilt: die *Stabilen* mit besonders regelmäßigen normalen biologischen Rhythmen und in die *Labilen* mit einem krankhaften Unbeständigkeitstemperament. Es kann kein Zweifel herrschen, daß die Epileptiker dieser letzteren Gruppe angehören.

Ein Mitglied dieser Konstitutionsgruppe wird zum Epileptiker, wenn ihn ein *konditioneller Hirnreiz* trifft (O. Foerster spricht von irritativen epileptogenen Noxen). Vererbt wird die gekennzeichnete Konstitution, zum Epileptiker aber macht ihn der hinzutretende Hirnreiz.

Ich habe in meiner bereits mehrmals zitierten Studie: „Die pathophysiologischen Grundlagen der Epilepsie" die Stoffwechselstörungen als die „dispositionellen Steuerungsfaktoren der konvulsiven Toleranz" bezeichnet (weil sie die Reizempfindlichkeit der Ganglienzellen determinieren) und sie den „konditionellen Reizfaktoren" gegenübergestellt. Hinsichtlich dieser biologisch funktionellen Auffassung befinde ich mich in glücklicher Übereinstimmung mit dem Gedankengang von Kraus. Dieser sagt: „Reize sind (im Sinne von Avenarius) Komplementärbedingungen, welche zu dem schon vorhandenen vitalen Bedingungskomplex hinzukommen müssen, um den die betreffende Lebenserscheinung eindeutig bestimmenden Bedingungskomplex zu vervollständigen."

Ich nannte die Reize „*konditionell*", weil sie vor allem *unspezifisch, unobligat* und *substituierbar* sind, während die „Steuerungsfaktoren" das Maß der Reaktion, sowie deren Eigenart und Periodizität bedingen. Auch hierin findet sich bei Kraus die biologische Verallgemeinerung meiner am Epileptiker gewonnenen Anschauung: „Allen vitalen Leistungen ist eigentümlich, daß Menge und Form der hervorgebrachten Energie unmittelbar viel mehr von der Struktur sowie von Qualität und Quantität der im Organismus selbst ablaufenden Prozesse, als von der Art ihrer Komplementärbedingungen (Reize) bestimmt zu sein scheinen und daß eine Periodik im Prozeßgleichgewicht besonders hervorsticht.

Meine Aufstellung dieser zwei Faktoren: konstitutionelle Toleranzsteuerung einerseits, konditioneller Reiz andererseits, läßt aber noch eine sehr bedeutsame Beziehung zu dem Krausschen System erkennen: *Alle die dispositionellen Steuerungsfaktoren gehören jener Sphäre an, die Kraus mit dem Begriffe der „Tiefen-*

person" umgrenzt, während der Reizfaktor seinen Angriffspunkt durchaus in der *„zentralistisch organisierten, corticalen"* Person findet.

Die „Tiefenperson ist nach Kraus der Kern der Persönlichkeit; „an sie knüpft all das an, was wir als individuellen Reaktionstypus zusammenfassen".

Wir sehen also in den „individuellen Lenkungen der Person", in welchen Kraus das Konstitutionelle sucht, das Schicksal unserer Kranken vorausbestimmt.

Untersuchen wir somit den Stoffwechsel unserer Kranken, so geschieht dies in der Tendenz, eben diese „individuellen Lenkungen" zu erkennen, denn man darf nicht glauben, wie Kraus betont, daß das Wesen der Person schlechthin an der Gesamtheit des Artexemplars haftet und nicht an seinen Teilen. Ein fundamentaler Irrtum ist es aber, wenn die Kritik dieser Forschungen das Postulat unmittelbarer Zusammenhänge zwischen den jeweils gefundenen Abwegigkeiten und den klinischen Manifestationen aufstellt. Auch die therapeutischen Bestrebungen müssen in weitaus größerem Maße der Beeinflussung dieser Verhältnisse zugewendet sein, und erst dann werden wir in den Besitz einer rationellen Epilepsietherapie gelangen, wenn sie sich auf der Erkenntnisbasis der vitalen Bedingungen dieser Krankheit aufbaut. Auch hier folgen wir Kraus, wenn er mit Recht fordert: Die Medizin sollte auf die organisch-regenerativen Kräfte der menschlichen Tiefenperson weit größeren Einfluß zu gewinnen bemüht sein.

Sind wir in der Einleitung dieser Abhandlung von der befremdenden Tatsache ausgegangen, daß die Epilepsieforschung das *vegetative Nervensystem* trotz seiner der objektiven Beobachtung sich aufdrängenden Stigmatisierung vernachlässigt, so enden wir bei der Erkenntnis, daß das *isolierte* Studium der vegetativ-nervösen Funktion von vornherein zur Unfruchtbarkeit verurteilt ist.

Gewiß sehen wir bei jedem einzelnen der besprochenen Faktoren die Möglichkeit der zentral-nervösen Beeinflussung, gewiß lehren uns Experimente von der Art, wie etwa die ausgezeichneten Untersuchungen von Molitor und Pick, daß die Großhirnrinde einen indirekten und mittelbaren Einfluß auf die Projektionszentren des Stoffwechsels im Zwischenhirn zu nehmen vermögen, dennoch geben uns die Erfahrungen weder das Recht, noch den Anhaltspunkt, diesen exquisiten Regulationsorganen die alleinige pathogenetische Verantwortung für die schwankenden Störungen zuzuschreiben. Angesichts dieser innigsten Durchdringung, dieses markenlosen Ineinanderfließens nervöser, physikalisch-chemischer und fermentativer Faktoren ist es überhaupt zweifelhaft, ob je Differenzierung und Lokalisation gelingen können.

Nicht gezweifelt aber kann an der Tatsache werden, die Kraus in den Satz gefügt: Im Vegetativen dominiert das Erfolgsorgan, im Animalen das nervöse Zentrum.

Die überragende Bedeutung des Vegetativen aber in der Pathogenese der Epilepsie — erinnern wir uns nicht zuletzt·daran, daß neuerdings (Spielmeyer, de Crinis) die sekundären Strukturveränderungen im Gehirn auch auf vegetative Störungen zurückgeführt werden — lehrt uns den Irrtum erkennen, die Epilepsie als eine reine Nervenkrankheit anzusehen.

Literaturverzeichnis.

Abelin, J.: Biochem. Zeitschr. 137. 1923. 154. 1924. — Ders.: Klin. Wochenschr. 1923. Nr. 49.

Adler, L.: Arch. f. Gynäkol. 95. 1911.

Adlersberg und Porges: Klin. Wochenschr. 1925. Nr. 31.

Allers, R.: Zentralbl. f. d. ges. Neurol. u. Psychiatrie 4. 1912. — Ders.: Journ. f. Psychol. u. Neurol. 16. 1910.

Allers, R. und Bondi: Biochem. Zeitschr. 6.

Alpern: Pflügers Arch. f. d. ges. Physiol. 209. 1925.

Alpern und Lewantowski: Zeitschr. f. d. ges. exp. Med. 45. 1925.

Arnoldi: Ergebn. d. inn. Med. Erg.-Bd. 5. 1924.

Aschaffenburg: Stimmungsschwankungen der Epileptiker. Halle 1906.

Aschenheim: Monatsschr. f. Kinderheilk. 46. 1907.

Asher, Abelin und Scheinfinkel: Biochem. Zeitschr. 151. 1924.

Asher: Ebenda 162. 1925.

Bauer, J.: Konstitution. Dispos. z. inn. Krankh. Berlin 1924. — Ders.: Deutsch. Arch. f. klin. Med. 107. 1912. — Ders.: Dtsch. med. Wochenschr. 1919. Nr. 44.

Barnes: Americ. Journ. of the Med. Science 171. 1926.

Becher, E.: Dtsch. Arch. f. klin. Med. 129. 1919.

Bechhold, J. H.: Die Kolloide in Biol. u. Med. Steinkopf 1919.

Behrendt und Hopmann: Klin. Wochenschr. 49. 1924.

Berger: Zeitschr. f. d. ges. exp. Med. 28. 1922.

Bergmann, G. von: Dtsch. Zeitschr. f. Nervenheilk. 108. 1925. — Ders.: Handb. d. inn. Med. Mohr-Staehelin, II. Teil (Literatur). Berlin: Julius Springer 1926.

Bernard, Claude: Vorlesungen über Diabetes. Berlin 1878. Dort auch die früheren Arbeiten verzeichnet.

Besta: Epilepsie 1. 1910.

Biedl: Verhandl. d. Ges. für Verdauungs- u. Stoffwechselkrankh. Berlin 1925.

Bigwood: Ann. de méd. 15. 1924.

Billigheimer, E.: Arch. f. exp. Pathol. u. Pharmakol. 88. 1920. — Ders.: Klin. Wochenschr. 1922. Nr. 6. 1923. Nr. 22 u. 23. — Ders.: Dtsch. Arch. f. klin. Med. 136. 1921.

Billigheimer, E. und Knauer: Zeitschr. f. d. ges. Neurol. u. Psychiatrie 50. 1919.

Binswanger, O.: Epilepsie. II. Aufl. Wien 1913.

Bisgaard: Acta med. scandinav. 61. 1925.

Bisgaard und Noervig: Cpt. rend. des séances de la soc. de biol. 84.

Bisgaard und Hendrikson, zit. nach Bisgaard.

Blum, Leon und van Caulaert: Cpt. rend. des séances de la soc. de biol. 1925. Nr. 23.

Bockelmann und Rother: Zeitschr. f. d. ges. exp. Med. 40. 1924.

Bokay: Jahrb. f. Kinderheilk. 108. 1925.

Bornstein und Vogel: Biochem. Zeitschr. 122. 1918.

Braun, L.: Therapie d. Gegenw. 1926. Nr. 67.

Brugsch: Verhandl. d. Ges. für Verdauungs- u. Stoffwechselkrankh. Berlin 1925.

Brugsch, Dresel und Lewy: Zeitschr. f. exp. Pathol. u. Therapie 21. 1920 sowie Zeitschr. f. d. ges. exp. Med. 25. 1921.

Mac Callum und Voegtlin: Zentralbl. f. d. Grenzgeb. d. Med. u. Chirurg. 11. 1908.

Camus und Roussy: Cpt. rend. des séances de la soc. de biol. 1913 u. 1914.

Charon und Briche: Arch. de neurol. 1897.

Chiari und Fröhlich, zitiert nach S. G. Zondek: Ergebn. d. ges. Med.

Choroschko: Zurnal. nevropati psych. 1925.
Chvostek: Zentralbl. f. inn. Med. **14.** 1893.
Consoli, D.: Rivist. ital. di ginecol. 1923.
De Crinis, M.: Monographie a. d. Gesamtgebiet d. Neurol. u. Psychiatrie H. 22. Berlin:
   Julius Springer 1920. — Ders.: Monatsschr. f. Psychol. u. Neurol. **58.** 1925. — Ders.:
   Zeitschr. f. d. ges. Neurol. u. Psychiatrie **99.** 1925.
Csépai: Abh. a. d. Grenzgeb. d. inn. Sekr. Nr. 43. Nowak u. Co. 1924.
Csépai und Mitarbeiter: Wien. Arch. f. inn. Med. **6.** 1923. **10.** 1925.— Dieselben: Dtsch.
   med. Wochenschr. **33.** 1921. — Dieselben: Klin. Wochenschr. **47.** 1923.
Daniel und Högler: Wien. Arch. f. inn. Med. 1922.
Danielopolu: Presse méd. **40.** 1925.
Denis und Talbot: Americ. Journ. of Dis. of Childr. **21.** 1921.
Dresel, K.: Ergebn. d. inn. Med. **19.** 1921. — Ders.: Zeitschr. f. klin. Med. **101.** 1925. —
   Ders.: Zeitschr. f. exp. Pathol. u. Pharmakol. **22.** 1921. — Ders.: Klin. Wochenschr.
   8. 1924.
Dresel, K. und Sternheimer: Klin. Wochenschr. **17.** 1925.
Dresel, K. und Katz: Ebenda **32.** 1922.
Eckhard, C.: Zeitschr. f. Biol. **44.** 1903.
Elias, H.: Zeitschr. f. d. ges. exp. Med. **7.** 1918. — Ders.: Ergebn. d. inn. Med. **25.** 1924.
Eppinger und Hess: Vagotonie. Klin. Abh. a. Pathol. u. Therapie d. Stoffwechsel- u.
   Ernährungskrankh. **9** u. **10.** 1910.
Erdheim, Falta und Rudinger: Dtsch. Kongr. f. inn. Med. 1909.
Falta und Kahn: Zeitschr. f. klin. Med. **74.** 1912.
Falta, Bolaffio und Tedesco: Kongr. f. inn. Med. **26.** 1909.
Fischer, M. H.: Journ. of the Americ. Med. Assoc. **59.** 1912.
Fischer, H.: Zeitschr. f. d. ges. Neurol. u. Psychiatrie **50.** 1919.
Foerster, O.: Verhandl. d. Ges. dtsch. Nervenärzte. Düsseldorf 1926.
Fränkel, A.: Virchows Arch. f. pathol. Anat. u. Physiol. **67.** 1876.
Freund und Gottlieb: Münch. med. Wochenschr. **6.** 1921.
Frey, Bulke und Wels: Dtsch. Arch. f. klin. Med. **123.** 1917.
Frey, W.: Pflügers Arch. f. d. ges. Physiol. **177.** 1919. — Ders.: Klin. Wochenschr. **7.**
   1926.
Frisch, F.: Zeitschr. f. d. ges. Neurol. u. Psychiatrie **65.** 1921. — Ders.: Ebenda **103.**
   1926. — Ders.: Zeitschr. f. d. ges. exp. Med. **56.** 1927.
Frisch, F. und Walter: Zeitschr. f. d. ges. Neurol. u. Psychiatrie **79.** 1922.
Frisch, F. und Weinberger: Ebenda **79.** 1922.
Frisch, F. und Fried: Zeitschr. f. d. ges. exp. Med. **49.** 1926. — Dieselben: Ebenda
   56. 1827. — Dieselben: Wien. klin. Wochenschr. **48.** 1926.
Gallamaerts, V.: Arch. internat. d. med. exp. **1.** 1924.
Galli, G.: Zeitschr. f. klin. Med. **101,** 1924. **102.** 1925.
Geelmuyden, H. Ch.: Ergebn. d. Physiol. **24.** 1925.
Georgi, F.: Klin. Wochenschr. **43.** 1925.
Glaser, F.: Med. Klinik **36.** 1924. **4.** 1925. — Ders.: Klin. Wochenschr. **34.** 1923.
   33. 1924. — Ders.: Therapie d. Gegenw. **5.** 1924.
Gollwitzer-Meier: Zeitschr. f. d. ges. exp Med. **40.** 1924. — Ders.: Klin. Wochenschr.
   48. 1924.
Govaerts, P.: Cpt. rend. des séances de la soc. de biol. **25.** 1925.
Gowers, W. R.: Epilepsie. Wien-Leipzig 1902. — Ders.: Grenzgeb. d. Epilepsie. Wien-
   Leipzig 1908.
Günther und Heubner: Klin. Wochenschr. **18.** 1924.
Guillaume: Cpt. rend. des séances de la soc. de biol. **26.** 1922.
Grafe, E.: Pathol. Physiol. d. Gesamtkraftstoffw. usw. München: J. F. Bergmann 1913.
Gruhle: Zentralbl. f. d. ges. Neurol. u. Psychiatrie **2** u. **34.**
Haggard und Henderson: Kongr. Zentralbl. f. d. ges. inn. Med. **15.**
Haldi und Rauth: Americ. Journ. of Physiol. **2.** 1926.
Hartmann und Di Gaspero: Handb. d. Neurol. v. Lewandowski **4.**
Heidema, S. J.: Zeitschr. f. d. ges. Neurol. u. Psychiatrie **48.** 1919.

Heilig: Klin. Wochenschr. **14** u. **15.** 1924.

Herzfeld und Klinger: Biochem. Zeitschr. **83.** 1917.

Herzfeld und Neuburger: Dtsch. med. Wochenschr. **39.** 1924.

Hess, W. R.: Klin. Wochenschr. **30.** 1926.

Hildebrandt: Arch. f. exp. Pathol. u. Pharmakol. **86.** 1920.

Hirsch, M.: Zeitschr. f. Gynäkol. **48.** 1924.

Höber, R.: Physikal. Chemie d. Zelle. Leipzig: Engelmann. — Ders.: Dtsch. med. Wochenschr. **16.** 1920. — Ders.: Klin. Wochenschr. **28.** 1925.

Hoffmann, A.: Ebenda **38.** 1926.

Hollo und Weiss: Biochem. Zeitschr. **140** u. **150.** 1924.

Jacobi, W.: Zeitschr. f. d. ges. Neurol. u. Psychiatrie **83.** 1923. — Ders.: Ebenda **102.** 1926.

Jansen, W.: Dtsch. Arch. f. klin. Med. **144—145.** 1924.

Juarros, C.: Med. ibera **18.** 1924.

Jungmann und Meyer: Arch. f. exp. Pathol. u. Pharmakol. **73.** 1913.

Karplus und Kreidl: Pflügers Arch. f. d. ges. Physiol. **129, 135, 143, 171.**

Kauffmann: Beitr. z. Pathol. d. Stoffwechs. II. Teil. Epilepsie. Jena: Fischer 1908.

Kersten, H.: Zeitschr. f. d. ges. Neurol. u. Psychiatrie **63.** 1921.

Kollert und Starlinger: Zeitschr. f. klin. Med. **97** u. **99.** 1924.

Kolm und Pick: Pflügers Arch. f. d. ges. Physiol. **184, 189, 190.**

Krainsky: Allg. Zeitschr. f. Psychiatrie u. psych.-gerichtl. Med. **54.** 1898.

Kraus, Friedrich: Allg. u. spez. Pathol. d. Person. I. Teil. Leipzig: Thieme 1919. II. Teil. Ebenda 1926. — Ders.: Dtsch. med. Wochenschr. 8. 1920. — Ders.: Med. Klinik 48. 1922.

Kraus, Friedrich und Zondek: Klin. Wochenschr. **22.** 1920. **36.** 1922. **9.** 1923. **17.** 1924. — Dieselben: Biochem. Zeitschr. **156.** 1925.

Kraus, Friedrich, Zondek und Wollheim: Klin. Wochenschr. **17.** 1924.

Krasser: Wien. klin. Rundschau **23—25.** 1912.

Kylin, E.: Zeitschr. f. d. ges. exp. Med. **43.** 1924. **44.** 1925. — Ders.: Klin. Wochenschr. **26** u. **38.** 1924. **11.** 1925.

Kylin, E. und Silfversvaerd: Zeitschr. f. d. ges. exp. Med. **43.** 1924.

Laignel-Lavastine: Gaz. des hop. civ. et milit. **12.** 1924.

Langstein und Meyer: Säuglingsstoffwechsel. München: J. F. Bergmann.

Lehmann, G.: Zeitschr. f. klin. Med. **81.** 1915. — Dtsch. med. Wochenschr. **2.** 1921.

Leicher, H.: Dtsch. Arch. f. klin. Med. **141.** 1923.

Leiter, S.: Zeitschr. f. d. ges. exp. Med. **44** u. **45.** 1925. — Ders.: Biochem. Zeitschr. **150.** 1924. **166.** 1925.

Leschke: Dtsch. med. Wochenschr. **35** u. **36.** 1920.

Leschke und Schneider: Zeitschr. f. exp. Pathol. u. Therapie **19.** 1917.

Lewandowsky: Zeitschr. f. d. ges. Neurol. u. Psychiatrie **14.** 1913.

Libesny: Biochem. Zeitschr. **144.** 1924. — Ders.: Wien. klin. Wochenschr. **28.** 1925.

Lichtwitz: Klin. Chem. Berlin 1918.

Loeb, J.: Journ. of Biol. Chemist. **1.** 1906.

— Ders.: Pflügers Arch. f. d. ges. Physiol. **99, 102, 118.**

Löwi, O.: Ebenda **189.** — Ders.: Arch. f. exp. Pathol. u. Pharmakol. **70, 82, 83.**

Lui: Riv. sperim. di freniatr., arch. ital. per le malatt. nerv. et ment. **24.** 1898.

Mahnert, A.: Arch. f. Gynäkol. **119.** 1923. — Ders.: Zeitschr. f. d. ges. exp. Med. **42.** 1924.

Marburg und Ranzi: Arch. f. klin. Chirurg. **113.**

Martinez, Gr.: Arch. d. méd. de vaiss. et de sang. **18.** 1925.

Meyer, H. H.: Dtsch. Zeitschr. f. Nervenheilk. **45.** 1912.

Meyer und Gottlieb: Exp. Pharmakol. 7. Aufl. 1925.

Meyer, M.: Verhandl. d. Ges. dtsch. Nervenärzte. Cassel 1925.

Meyer, M. und Brühl: Zeitschr. f. d. ges. Neurol. u. Psychiatrie **75.** 1922.

Meysenburg, L. von: Proc. of the Soc. f. Exp. Biol. a. Med. **18.** 1921.

Möllendorff, W. von: Kolloid-Zeitschr. **23.** 1918 (zitiert nach Kraus).

Mogilnitzky, B. N.: Virchows Arch. f. pathol. Anat. u. Physiol. **257.** 1925.

Molitor und Pick: Arch. f. exp. Pathol. u. Pharmakol. **107**. 1925.

Müller, L. R.: Lebensnerven. II. Aufl. Berlin: Julius Springer 1924. — Ders.: Zeitschr. f. d. ges. Neurol. u. Psychiatrie **84**. 1923.

Nernst zitiert nach Kraus.

Nonnenbruch: Ergebn. d. inn. Med. **26**. 1924. — Ders.: Arch. f. exp. Pathol. u. Pharmakol. **91**. 1921.

Norwig: Cpt. rend. des séances de la soc. de biol. **85**. 1921. — Ders: Acta med. scandinav. **60**. 1924.

Nothmann: Arch. f. exp. Pathol. u. Pharmakol. **91**. 1921.

Nothnagel, H.: Virchows Arch. f. pathol. Anat. u. Physiol. **57**, 1873. — Ders.: Dtsch. Arch. f. klin. Med. 1886.

Ockel, G.: Arch. f. Kinderheilk. **73**. 1923.

Odairo: Tohoku Journ. of Exp. Med. **6**. 1925.

Oppenheim, H.: Zeitschr. f. d. ges. Neurol. u. Psychiatrie **42**. 1918.

Orzechowski und Meisels: Epilepsia. IV.

Perrero, E.: Cervello **1**. 1923.

Peritz: Zeitschr. f. klin. Med. **77**. 1913.

Peserico, E.: Arch. di fisiol. **22**. 1925.

Petrén und Thorling: Zeitschr. f. klin. Med. **73**. 1911.

Pick, E. P.: Wien. klin. Wochenschr. **50**. 1920.

Pletnew, D.: Zeitschr. f. klin. Med. **103**. 1926.

Popea, Eustaziu und Holban: Cpt. rend. des séances de la soc. d. biol. **4**. 1925.

Pophal, R.: Ergebn. d. inn. Med. **19**. 1921.

Pötzl, Eppinger und Hess: Wien. klin. Wochenschr. **51**. 1910.

Porges, Nowak und Leimdörfer: Zeitschr. f. klin. Med. **75**.

Pugh: Journ. of Mental. Science **49**. 1903.

Quaranta, L.: Arch. di patol. e clin. med. **3**. 1924.

Quest: Zeitschr. f. exp. Pathol. u. Therapie **5**. 1908.

Redlich, E.: Wien. med. Wochenschr. **22** u. **23**. 1906.

Rémond, Colombiès et Bernardbeig: Cpt. rend. des séances de la soc. de biol. **91**. 1924.

Römer, K.: Monatsschr. f. Neurol. u. Psychiatrie **26**.

Rohde: Dtsch. Arch. f. klin. Med. **75**. 1908.

Roncoroni: Riv. sperim. di freniatr., arch. ital. per le malatt. nerv. e ment. **30**.

Rothlin, E.: Klin. Wochenschr. **30**. 1925.

Rusznyak, St.: Zeitschr. f. d. ges. exp. Med. **41**. 1924.

Sabbatani und Regoli: Riv. sperim. di freniatr., arch. ital. per le malatt. nerv. e ment. **27**.

Sachs und Öttingen: Münch. med. Wochenschr. **12**. 1921.

Schade: Dtsch. Kongr. f. inn. Med. **34**. 1922.

Schlesinger, H.: Volkmannsche Hefte (Neue Folge). **433**. 1906. Abtlg. f. inn. Med.

Schuster, J.: Zeitschr. f. d. ges. Neurol. u. Psychiatrie **103**. 1926.

Seitz, L.: Monatsschr. f. Geburtsh. u. Gynäkol. **67**. 1924.

Seo: Biochem. Zeitschr. **163**. 1925.

Snapper: Ebenda **51**. 1913.

Spiegel, E.: Zeitschr. f. d. ges. Neurol. u. Psychipatrie. Ref. u. Ergebn. XXII.

Staub: Schweiz. med. Wochenschr. **48**. 1924.

Starlinger und Hartl: Biochem. Zeitschr. **160**. 1925.

Starlinger, W.: Klin. Wochenschr. **29**. 1923.

Stejskal, K.: Wien. klin. Wochenschr. **28**. 1921.

Stepp und Schliephacke: Münch. med. Wochenschr. **47**. 1925.

Straub: Verhandl. d. dtsch. Ges. f. inn. Med. 1922 u. 1924.

Tönessen, E.: Ergebn. d. inn. Med. **23**. 1923.

Tobler: Jahrb. f. Kinderheilk. **73**. 1911. — Ders.: Arch. f. exp. Pathal. u. Pharmakol. **62**. 1910.

Tolone: Il Manicomio **23**. 1907.

Trendelenburg: Ergebn. d. Physiol. **21**. 1923.

Veil, W. H.: Dtsch. Arch. f. klin. Med. **139**. — Ders.: Ergebn. d. inn. Med. **23**. 1923.
— Ders.: Biochem. Zeitschr. **91**. 1918. — Ders.: Dtsch. med. Wochenschr. **16** u. **17**.
1924.
Vogt, H.: Fortschr. d. Med. **12**. 1924. — Ders.: Klin. Wochenschr. **36**. 1924.
Voit, C.: Hermanns Handb. d. Physiol. **6**. 1881.
Volhard, F.: Nierenerkrankungen. Berlin 1918.
Volland: Zeitschr. f. d. ges. Neurol. u. Psychiatrie **3**. 1910.
Volmer: Ebenda **84**. 1923.
Wacker und Hueck: Münch. med. Wochenschr. 1913.
Wittgenstein, H.: Wien. Arch. **11**. 1925.
Wollheim, E.: Biochem. Zeitschr. **151**. 1924. — Ders.: Klin. Wochenschr. **17**. 1924.
Wuth, O.: Abh. a. d. Gesamtgeb. d. Neurol. u. Psychiatrie H. 29. Berlin: Julius Sprin-
ger 1922. — Ders.: Zeitschr. f. d. ges. Neurol. u. Psychiatrie **64**. 1921. **89**. 1924. —
Ders.: Verhandl. d. dtsch. Ges. d. Nervenärzte. Düsseldorf 1926.
Zimmermann: Zeitschr. f. d. ges. Neurol. u. Psychiatrie **36**. 1917.
Zondek, S. G.: Arch. f. exp. Pathol. u. Pharmakol. 88. 1920. — Ders.: Dtsch. med.
Wochenschr. **50**. 1921. — Ders.: Biochem. Zeitschr. **121**. 1921. **132**. 1922. — Ders.:
Klin. Wochenschr. **9**. 1924.
Zondek, S. G. und Reiter: Klin. Wochenschr. **2**. 1923. — Dieselben: Zeitschr. f. klin.
Med. **99**. 1924.

Monographien aus dem Gesamtgebiete der Neurologie und Psychiatrie

Herausgegeben von O. Foerster-Breslau und K. Wilmanns-Heidelberg

Die Bezieher der „Zeitschrift für die gesamte Neurologie und Psychiatrie" und des „Zentralblatt für die gesamte Neurologie und Psychiatrie" erhalten die Monographien mit einem Nachlaß von 10 %.

Band 1: Über nervöse Entartung. Von Prof. Dr. med. **Oswald Bumke.** 1912. Vergriffen. In zweiter umgearbeiteter Auflage außerhalb der Sammlung erschienen unter dem Titel: **Bumke, Kultur und Entartung.** IV, 126 Seiten. 1922. RM 3.55

Band 2: Die Migräne. Von **Edward Flatau,** Warschau. Mit 1 Textfigur und 1 farbigen Tafel. V, 253 Seiten. 1912. RM 12.—

Band 3: Hysterische Lähmungen. Studien über ihre Pathophysiologie und Klinik. Von Dr. **H. di Gaspero,** Graz. Mit 38 Figuren im Text und auf einer Tafel. IV, 174 Seiten. 1912. RM 8.50

Band 4: Affektstörungen. Studien über ihre Ätiologie und Therapie. Von Dr. med. **Ludwig Frank,** Zürich. VII, 399 Seiten. 1913. RM 16.—

Band 5: Über das Sinnesleben des Neugeborenen. (Nach physiologischen Experimenten.) Von Dr. **Silvio Canestrini,** Graz. Mit 60 Figuren im Text und auf einer Tafel. IV, 104 Seiten. 1913. RM 6.—

Band 6: Über Halluzinosen der Syphilitiker. Von Privatdozent Dr. **Felix Plaut,** München. 116 Seiten. 1913. RM 5.60

Band 7: Die agrammatischen Sprachstörungen. Studien zur psychologischen Grundlegung der Aphasielehre. Von Prof. Dr. **Arnold Pick,** Prag. 1. Teil. VIII, 291 Seiten. 1913. RM 14.—

Band 8: Das Zittern. Seine Erscheinungsformen, seine Pathogenese und klinische Bedeutung. Von Prof. Dr. **Josef Pelnár,** Prag. Aus dem Tschechischen übersetzt von Dr. **Gustav Mühlstein,** Prag. Mit 125 Textfiguren. VIII, 258 Seiten. 1913. RM 12.—

Band 9: Selbstbewußtsein und Persönlichkeitsbewußtsein. Eine psychopathologische Studie. Von Dr. **Paul Schilder,** Leipzig. VI, 298 Seiten. 1914. RM 14.—

Band 10: Die Gemeingefährlichkeit in psychiatrischer, juristischer, und soziologischer Beziehung. Von Privatdozent Dr. jur. et. med. **M. H. Göring,** Gießen. VII, 149 Seiten. 1915. RM 7.—

Band 11: Postoperative Psychosen. Von Prof. Dr. **K. Kleist,** Erlangen. IV, 31 Seiten. 1916. RM 1.80

Band 12: Studien über Vererbung und Entstehung geistiger Störungen. I. Zur Vererbung und Neuentstehung der Dementia praecox. Von Prof. Dr. **Ernst Rüdin,** München. Mit 66 Figuren und Tabellen. V, 172 Seiten. 1916. RM 9.—

Band 13: Die Paranoia. Eine monographische Studie. Von Dr. **Hermann Krueger.** Mit 1 Textabbildung. IV, 113 Seiten. 1917. RM 6.80

Band 14: Studien über den Hirnprolaps. Mit besonderer Berücksichtigung der lokalen posttraumatischen Hirnschwellung nach Schädelverletzungen. Von Dr. **Heinz Schrottenbach,** Graz. Mit Abbildungen auf 19 Tafeln. 80 Seiten. 1917. RM 6.—

Band 15: Wahn und Erkenntnis. Eine psychopathologische Studie. Von Dr. med. et phil. **Paul Schilder,** Leipzig. Mit 2 Textabbildungen und 2 farbigen Tafeln. IV, 115 Seiten. 1918. z. Zt. vergriffen.

Band 16: Der sensitive Beziehungswahn. Ein Beitrag zur Paranoiafrage und zur psychiatrischen Charakterlehre von Prof. Dr. **Ernst Kretschmer,** Marburg. 1918. Vergriffen. In zweiter verbesserter und vermehrter Auflage außerhalb der Sammlung erschienen. IV, 201 Seiten. 1927.
RM 13.50; gebunden RM 15.—

Band 17: Das manisch-melancholische Irresein. (Manisch-depressives Irresein Kraepelin.) Eine monographische Studie. Von Dr. **Otto Rehm.** Mit 14 Textabbildungen und 18 Tafeln. VI, 136 Seiten. 1919. RM 10.50

Band 18: Die paroxysmale Lähmung. Von Dr. **Albert K. E. Schmidt.** Mit 4 Textabbildungen. IV, 56 Seiten. 1919. RM 5.80

Band 19: Über Wesen und Bedeutung der Affektivität. Eine Parallele zwischen Affektivität und Licht- und Farbenempfindung. Von Privatdozent Dr. **E. Fankhauser,** Waldau bei Bern. Mit 6 Textabbildungen. IV, 79 Seiten. 1919. RM 6.50

Band 20: Über die juvenile Paralyse. Von Dr. **Toni Schmidt-Kraepelin.** Mit 9 Textabbildungen. IV, 124 Seiten. 1920. RM 9.—

Band 21: Die Influenzapsychosen und die Anlage zu Infektionspsychosen. Von Prof. Dr. **K. Kleist,** Frankfurt a. M. III, 55 Seiten. 1920. RM 4.50

Band 22: Die Beteiligung der humoralen Lebensvorgänge des menschlichen Organismus am epileptischen Anfall. Von Dr. **Max de Crinis,** Graz. Mit 28 Kurven im Text. VIII, 80 Seiten. 1920. RM 6.50

Band 23: Beiträge zur Ätiologie und Klinik der schweren Formen angeborener und früh erworbener Schwachsinnszustände. Von Dr. **A. Dollinger,** Berlin-Charlottenburg. Mit einem Anhang über Längen- und Massenwachstum idiotischer Kinder. Mit 22 Kurven. VI, 98 Seiten. 1921. RM 8.—

Band 24: Die gemeingefährlichen Geisteskranken im Strafrecht, im Strafvollzuge und in der Irrenpflege. Ein Beitrag zur Reform der Strafgesetzgebung, des Strafvollzuges und der Irrenfürsorge. Von Dr. **Peter Rixen,** Nervenarzt in Brieg. VI, 140 Seiten. 1921. RM 9.—

Band 25: Die klinische Neuorientierung zum Hysterieproblem unter dem Einflusse der Kriegserfahrungen. Von Privatdozent Dr. med. **Karl Pönitz,** Halle. VI, 72 Seiten. 1921. RM 5.40

Band 26: Studien über Vererbung und Entstehung geistiger Störungen. Von **Ernst Rüdin,** München. **II. Die Nachkommenschaft bei endogenen Psychosen. Genealogisch-charakterologische Untersuchungen** von Dr. **Hermann Hoffmann,** Tübingen. Mit 43 Textabbildungen. VI, 234 Seiten. 1921. RM 18.—

Band 27: Studien über Vererbung und Entstehung geistiger Störungen. Von **Ernst Rüdin,** München. **III. Zur Klinik und Vererbung der Huntingtonschen Chorea** von Dr. **Josef Lothar Entres,** Eglfing. Mit 2 Tafeln, 1 Textabbildung und 18 Stammbäumen. IV, 149 Seiten. 1921. RM 11.—

Fortsetzung siehe umstehende Seite!